轻工行业标准化
专业人员培训教程

中国轻工业联合会　主编

中国轻工业出版社

图书在版编目（CIP）数据

轻工行业标准化专业人员培训教程 / 中国轻工业联合会主编. -- 北京：中国轻工业出版社，2024.11.
ISBN 978-7-5184-5186-9
Ⅰ．TS-65
中国国家版本馆CIP数据核字第2024AF3342号

责任编辑：王庆霖　　责任终审：劳国强　　整体设计：锋尚设计
策划编辑：吴　雯　　责任校对：晋　洁　　责任监印：张　可

出版发行：中国轻工业出版社（北京鲁谷东街5号，邮编：100040）
印　　刷：河北鑫兆源印刷有限公司
经　　销：各地新华书店
版　　次：2024年11月第1版第1次印刷
开　　本：787×1092　1/16　印张：10
字　　数：217千字
书　　号：ISBN 978-7-5184-5186-9　定价：88.00元
邮购电话：010-85119873
发行电话：010-85119832　010-85119912
网　　址：http://www.chlip.com.cn
Email：club@chlip.com.cn
版权所有　侵权必究
如发现图书残缺请与我社邮购联系调换
232229J4X101HBW

本书编委会

主　任　刘江毅

委　员　刘晶晶　王旭华　相晓霞
　　　　　聂　博　王华佳　焦　冲
　　　　　付裕武　赵天澍　孙　鹏
　　　　　张　磊　齐晓梅　刘晓梅
　　　　　赵晓红

前言

在推进国家治理体系和治理能力现代化中，标准发挥着基础性、引领性作用。2021年10月印发的《国家标准化发展纲要》，聚焦标准化发展的重要环节，明确了七个方面的重点任务，指出了标准是经济活动和社会发展的技术支撑，是国家基础性制度的重要方面。夯实标准化发展基础，加强标准化人才队伍建设，是实现2035标准化发展总体目标，引领行业高质量发展的重要举措。

轻工业是国民经济重要支柱产业，涉及国民经济分类中的21大类、69中类、213小类，涵盖人民群众吃、穿、住、用、行、玩、乐、教等多个领域，是重要的民生消费品行业，在经济和社会发展中发挥着举足轻重的作用。截至2024年9月，中国轻工业联合会作为业务指导单位，管理轻工领域共计137个标准化技术组织。轻工领域现行国家标准和行业标准近7000项，同时围绕升级创新、绿色制造、智能制造、诚信体系建设等领域发布团体标准1000余项；标准在引领制造强国建设、推动轻工行业高质量发展、满足人民美好生活中发挥了重要的支撑作用。

2023年11月，国家标准委等5部门印发《标准化人才培养专项行动计划（2023—2025年）》，提出要建立标准化人才职业能力评价机制。鼓励企业组织技术工人参加各类标准化培训，培养一批标准编审、实施和服务能手。标准化人才是标准化事业长远发展的基础，中国轻工业联合会认真落实国家战略，以质量标准、技能人才等工作举措，着力推进八大轻工建设，建立标准化人才职业能力评价机制，深入开展标准化人才培养专项行动，使轻工领域众多标准化从业者持续学习新知识、新技能，提高标准制修订专业素养和能力，打造复合型标准化人才队伍，推动标准化工作创新发展。

为此，在中国轻工业联合会轻工业职业能力评价中心指导下，中国轻工业联合会质量标准部组织编写了《轻工行业标准化专业人员培训教程》，将标准化基础知识、标准编写规范、制修订规程、以及国际标准化业务等进行了梳理，对轻工业标准化研究所在复核过程中遇到的实际案例进行总结，从而指导标准化从业者更加规范地开展标准化各项业务。

由于编者水平有限等原因，书中不足之处在所难免，敬请读者提出宝贵意见和建议，以便在今后逐步完善和提高。

编写组

2024年9月

目录

第一章 标准化基础知识 ... 1

第一节 标准的基本概念 ... 2
一、标准 ... 2
二、标准化 ... 4

第二节 标准的分类 ... 5
一、按照标准化活动范围分类 ... 6
二、按照标准化领域分类 ... 7
三、按照标准化对象分类 ... 8
四、按照编制标准目的分类 ... 9
五、按照遵守与执行的效力分类 ... 11
六、按照标准内容适用的广度分类 ... 12

第二章 标准化管理 ... 13

第一节 标准化法律法规 ... 14
一、《中华人民共和国标准化法》 ... 14
二、《国家标准化发展纲要》 ... 14
三、《国家标准管理办法》 ... 14
四、《强制性国家标准管理办法》 ... 15
五、《行业标准管理办法》 ... 15
六、《工业通信业行业标准制定管理办法》 ... 15
七、《团体标准管理规定》 ... 15
八、《企业标准化促进办法》 ... 15
九、《国家标准涉及专利的管理规定（暂行）》 ... 15
十、《采用国际标准管理办法》 ... 16
十一、《国家标准外文版管理办法》 ... 16
十二、《标准出版发行管理办法》 ... 16

第二节 标准化行政管理部门 ... 16
一、国家标准化管理委员会 ... 16
二、工业和信息化部 ... 17

　　　　三、中国轻工业联合会 ··· 18

　第三节　标准化技术组织管理办法 ··· 19
　　　　一、《全国专业标准化技术委员会管理办法》 ··· 19
　　　　二、《工业和信息化部专业标准化技术委员会管理办法》 ································ 20
　　　　三、《轻工行业全国专业标准化技术委员会管理办法》 ································ 20

第三章　国家（行业）标准制修订规程 ··· 21

　第一节　总则 ··· 22
　　　　一、标准制修订整体过程以及各阶段工作 ··· 22
　　　　二、计划变更 ··· 24
　　　　三、标准中关于专利的处置 ··· 26

　第二节　标准的预研 ··· 29
　　　　一、预研阶段的主要工作及流程 ··· 29
　　　　二、标准预研内容 ··· 30
　　　　三、所形成的文件 ··· 34

　第三节　标准的立项 ··· 48
　　　　一、立项阶段的主要工作 ··· 48
　　　　二、标准项目立项阶段工作整体流程 ··· 48
　　　　三、立项阶段形成的文件 ··· 50
　　　　四、立项评估重点 ··· 51

　第四节　标准的起草 ··· 54
　　　　一、起草阶段的主要工作 ··· 54
　　　　二、所形成的文件 ··· 56

　第五节　标准的征求意见 ··· 59
　　　　一、征求意见阶段的主要工作 ··· 59
　　　　二、征求意见阶段的程序性要求 ··· 59
　　　　三、所形成的文件 ··· 61

　第六节　标准的审查 ··· 64
　　　　一、审查阶段的主要工作 ··· 64
　　　　二、会议审查 ··· 65
　　　　三、函审（行业标准） ··· 70

第七节　标准的报批 ····· 74
一、国家标准的报批 ····· 74
二、行业标准的报批 ····· 78

第八节　标准的批准、发布和出版 ····· 90
一、标准的批准和发布 ····· 90
二、标准的出版 ····· 90

第九节　标准的复审 ····· 91
一、标准复审原则 ····· 91
二、国家标准的复审 ····· 92
三、行业标准的复审 ····· 92

第四章　国际标准化业务 ····· 93

第一节　国际标准化组织 ····· 94
一、国际标准化组织（ISO）简介 ····· 94
二、国际电工委员会（IEC）简介 ····· 95

第二节　国际标准技术工作流程 ····· 96
一、预研阶段（PWI） ····· 97
二、提案阶段（NP） ····· 97
三、准备阶段（WD） ····· 98
四、委员会阶段（CD） ····· 98
五、询问阶段[CDV（IEC）/DIS（ISO）] ····· 98
六、批准阶段（FDIS） ····· 99
七、出版阶段（IS） ····· 99
八、标准复审阶段 ····· 99

第三节　参与国际标准化工作 ····· 100
一、参加国际标准会议 ····· 100
二、国际标准提案 ····· 101
三、国际注册专家 ····· 101

第五章　标准编写规范 ····· 103

第一节　目标、原则和要求 ····· 104

一、目标和总体原则 …………………………………………… 104
　　二、文件编制成整体或分为部分的原则 ………………………… 104
　　三、规范性要素的选择原则 ……………………………………… 105
　　四、文件的表述原则 ……………………………………………… 106
　　五、总体要求 ……………………………………………………… 108
第二节　文件名称和结构 ……………………………………………… 110
　　一、文件名称 ……………………………………………………… 110
　　二、结构 …………………………………………………………… 111
第三节　层次的编写 …………………………………………………… 113
　　一、部分 …………………………………………………………… 113
　　二、章 ……………………………………………………………… 114
　　三、条 ……………………………………………………………… 114
　　四、段 ……………………………………………………………… 114
　　五、列项 …………………………………………………………… 115
第四节　要素的编写 …………………………………………………… 116
　　一、规范性要素的编写 …………………………………………… 116
　　二、资料性要素的编写 …………………………………………… 124
第五节　要素的表述 …………………………………………………… 131
　　一、要素内容的表述 ……………………………………………… 131
　　二、条文 …………………………………………………………… 133
　　三、引用和提示 …………………………………………………… 136
　　四、要素内容的其他表述形式 …………………………………… 137
　　五、其他规则 ……………………………………………………… 139
第六节　编排格式 ……………………………………………………… 141
　　一、字体字号 ……………………………………………………… 141
　　二、层次的编排 …………………………………………………… 144
　　三、要素的编排 …………………………………………………… 144
　　四、要素表述形式的编排 ………………………………………… 147

参考文献 …………………………………………………………… 150

第一章

标准化基础知识

起草好一个标准化文件除了需要具有相应的技术专业知识之外,还要具备标准化的基础知识,掌握标准化的核心概念,了解支撑标准制定工作的基础性国家标准,正确运用起草文件的原则,遵循起草文件的途径和步骤。

第一节　标准的基本概念

一、标准

"标准"在 GB/T 20000.1—2014《标准化工作指南　第1部分：标准化和相关活动的通用术语》中给出的定义为"通过标准化活动，按照规定的程序经协商一致制定，为各种活动或其结果提供规则、指南或特性，供共同使用和重复使用的文件。"定义中有三个注，其中，注一是标准宜以科学、技术和经验的综合成果为基础。注二是规定的程序指制定标准的机构颁布的标准制定程序。注三是诸如国际标准、区域标准、国家标准等，由于它们可以公开获得以及必要时通过修正或修订保持与最新技术水平同步，因此，他们被视为构成了公认的技术规则。其他层次上通过的标准，诸如专业协（学）会标准、企业标准等，在地域上可影响几个国家。

通过上述定义，我们可以将标准简单地理解成一种文件。然而标准不是一般的文件，它是一种规范性文件。所谓规范性文件是指为各种活动或其结果提供规则、指南或特性的文件，它是标准、规范、规程和法规等文件的通称。"文件"可理解为记录有信息的各种媒介。

由于规范性文件是诸多文件的通称，因此，只有具备与其他文件相区别的特殊属性的规范性文件才能成为标准。

第一，标准必须具备"共同使用和重复使用"的特点。所谓共同使用是指你用、我用、他也用，大家都要用；重复使用是指今天用、明天用、后天用，经常要用。这里，"共同使用"和"重复使用"两个条件必须同时具备，也就是说，只有大家共同使用并且要多次重复使用，标准这种文件才有存在的必要。

第二，制定标准的目的是获得最佳秩序，以便促进共同的效益。这种最佳秩序的获得是有一定范围的。"一定范围"是指适用的人群和相应的事物。所谓"适用的人群"可以是全球范围的、某个区域的、某个国家的、某个地方的、某个行业的、某个集团的等，具体适用的人群取决于协商一致的范围；所谓"相应的事物"是指条款涉及的内容，可以是有形的、无形的、硬件、软件，例如有关安全的、环保的、能耗的、产品的、方法的等。

第三，制定标准的原则是协商一致。协商一致是指普遍同意，即对于实质性问题，有关重要方面没有坚持反对意见，并且按照程序对有关各方的观点均进行了研究，且对所有争议进行了协调。协商一致并不意味着没有异议，一旦需要表决，协商一致是有具体指标的，通常以四分之三或三分之二（根据发布机构制定的规则）同意为协商一致通过的指标。

第四，制定标准需要有一定的规范化程序，并且最终要由公认机构批准发布。这里的公认机构一般指标准机构。标准机构是国家、行业、区域、组织或国际的层面上承认的，以制定、通过或批准、公开发布标准为主要职能的标准化机构。

第五，标准产生的基础是科学、技术和经验的综合成果。标准这一规范性文件是一种技术类文件，它具有科技含量，是在充分考虑最新技术水平后制定的；标准又是对人类实践经验的科学归纳、整理并规范化的结果。由于在标准制定中需要广泛征求意见，必须经过协商一致的过程，因而保证了制定的标准能够广泛吸收各方面的意见和建议，使得科学、技术和实践经验能够在有机结合后纳入标准。

综上所述，具备共同使用的重复使用特点的，其目的是在一定范围内获得最佳秩序的，经过协商一致制定，并经过规范化的程序，由公认的标准机构批准的技术类的规范性文件，被称为"标准"。

在国际上，标准通常是自愿性的，它由标准机构（非权力机构）发布，由生产、使用等方面自愿采用。《中华人民共和国标准化法》第二条规定："国家标准分为强制性标准、推荐性标准，行业标准、地方标准是推荐性标准"，这里强制性标准可以理解为技术法规，而推荐性标准类似国际上的自愿性标准。既然是自愿的，它就不是法律、法规。因此，标准没有权利要求与之有关的人员必须执行其要求，有关人员也没有义务一定要执行标准的要求。然而，由于标准本身所具有的特殊属性，标准的应用可通过下述途径来实现。

市场机制：由于标准是以科学、技术和经验的综合成果为基础，是在充分协商一致的基础上形成的，所以它符合大多数利益相关方的利益，自然会被自愿使用。因此市场上符合标准的产品或服务也将占据大多数，进而形成主导产品，那些少数最初没有使用标准的利益相关方，为了适应主流市场，其产品和服务往往不得不使用已通过的标准，以便赢取市场份额。可见，标准首先是靠市场的作用机制被广泛地自愿使用。在这种情况下，使用者往往采取自我声明的方式，即声明其产品或服务符合某项标准。

政府引导：在诸如环境保护、资源利用、健康安全等政府关注的领域中，政府往往通过发布鼓励企业使用标准的政策和措施，引导企业采用相应的标准。例如，政府可以要求在政府采购、国家重大工程招标等活动中要以国家标准为依据，从而发挥标准的技术依据和基础支撑作用。

法规引用：在一些涉及技术问题的法规中，如果有技术标准作为依据，可以采用法规引用标准的方式，使得在法规调整的范围内，标准的使用成为法规的要求。

二、标准化

标准化在GB/T 20000.1—2014《标准化工作指南 第1部分：标准化和相关活动的通用术语》中给出的定义为"为了在既定范围内获得最佳秩序，促进共同效益，对现实问题或潜在问题确立共同使用和重复使用的条款以及编制、发布和应用文件的活动。"定义中有两个注，其中注一是标准化活动确立的条款，可形成标准化文件，包括标准和其他标准化文件。注二是标准化的主要效益在于为了产品、过程或服务的预期目的改进它们的适用性，促进贸易、交流以及技术合作。

该定义将标准化界定为一项活动，确切地说是人类的一项活动。人类从事着众多的活动，标准化是人类诸多活动中的一种，它有着区别于其他活动的独自的特点。上述定义包含了以下六个方面的特点。

第一，活动的目的。人类的任何活动都不是盲目的，而是有意识、有目标的。为了达到活动的目的，人类在从事各种活动的过程中会形成各自的路径或结果。在社会化大协作的时代，人类交流与合作中的不同行为或行为结果会不一致，进而导致混乱，包括人类活动本身秩序的混乱和活动结果（产品、服务）秩序的混乱。这些无序的状态不利于人们实现交流与合作所要达到的目的。为此，人类需要从事一项专门的活动——标准化。标准化活动的总体目的是"获得最佳秩序，促进共同效益"，而每项标准化活动都有其特定目的。这些特定的目的通常涉及以下方面：相互理解、可用性、互换性、兼容性、互相配合、品种控制、安全、健康、环境保护、资源利用等。

第二，活动的范围。任何一项标准化活动都有其既定的范围，活动的目的是在"既定范围"内获得最佳秩序，也就是说最佳秩序的获得不是无限范围的，凡是在某个范围内获得最佳秩序即达到了目的。这里的"既定范围"包括两层意思：其一，是指标准化活动所涉及的标准化领域的专业范围是既定的，如标准化机构中的技术委员会针对的领域是确定的，一些协（学）会的领域也是确定的。其二，标准化活动的范围还表示了参与标准制定或标准应用涉及人员所代表的地域范围或专业范围。

第三，活动的对象。标准化活动针对的是"现实问题或潜在问题"。如果已经发现在某个范围内现实的无序状况日趋明显，或者意识到将来可能会出现无序的状况，为了便于交流与合作，利益相关方需要考虑将出现无序状况的现实问题或潜在问题的主题确定为标准化对象，通过标准化活动，达到从无序到有序，进而促进人们的共同效益。这里将"现实问题或潜在问题"作为标准化对象，是将标准化活动作为一个总体，从宏观层面做出的总概括，具体的标准化活动都有其特定的具体对象。

第四，活动的内容。标准化活动包括四方面的内容：确立条款、编制文件、发布文件和应用文件。确立条款的主要活动是在众多的技术解决方案中选择一种或重组一种技术解决方案并形成条款；编制文件的主要活动是起草标准化文件的草案，同时要履行相应的程序；发布文件的主要活动是审核批准已经编制完成的文件草案并予以发布；应用文件是标准化活动的重要环节，只有标准化文件得到应用，才能建立起最佳秩序并取得效益。在标准化活动中经常会涉及"制定"这一概念，它是确立条款、编制文件和发布文件三方面内容的总称。制定文件的核心工作是确立条款，条款的表述和应用都需要有相应的载体——文件，因此编制文件、发布文件成为文件制定活动的内容。实际上，发布的文件的核心技术内容是条款，应用文件也是要应用文件中的条款。

第五，活动的结果。从上述分析可看出，标准化活动确立的是"条款"；编制和发布的是"标准化文件"。这些标准化文件中大部分为"标准"，它是标准化活动中制定文件产生的成果，而应用文件产生的结果为建立技术秩序（包括：概念秩序、行为秩序或结果秩序）。

第六，活动的效益。标准化活动产生的文件的广泛应用，建立了技术秩序，产生巨大的效益，即改进产品、过程或服务预期目的的实用性，促进贸易、交流及技术合作。

第二节 标准的分类

对标准进行分类并对各类标准进行界定，可以从外延上明确各类标准之间的界限，从而进一步厘清标准所涉及的边界。从起草标准的角度所涉及的标准分类应该与标准的制定有关联。首先，分出的类别，在标准文本上应有所体现；其次，不同类别的标准，其结构或内容应该有所不同。标准应该按照分类依据的属性进行分类。由于标准所使用的范围、标准化领域、标准化对象、标准的编制目的、标准所具有的功能以及标准内容适用的广度是影响标准技术内容的相关属性；因此，有必要从标准起草的角度，按照这六个属性对标准进行分类。

一、按照标准化活动范围分类

标准化活动范围通常取决于标准化机构的影响范围。标准化机构不同，所涉及的领域可能会不同，参加标准化活动的人员来自的范围就会不同，发布的标准影响的范围也会不同。根据《中华人民共和国标准化法》，标准分为国家标准、行业标准、地方标准、团体标准和企业标准。

从标准化活动的范围这一维度对标准进行分类，可以将标准划分成不同的层次类别。这种分类的意义在于，可以从标准的层次方便辨识标准化机构的影响范围，从而了解标准适用的领域或地域范围。

（一）国家标准

国家标准是指"由国家标准机构通过并公开发布的标准"。

在我国，国家标准是指由国家市场监督管理总局［国家标准化管理委员会（SAC）］发布的中国国家标准（GB、GB/T）。

（二）行业标准

行业标准是指"由行业机构通过并公开发布的标准"。

我国政府有关部门可以制定发布标准，这类标准称为行业标准。我国的行业标准需经国务院标准化行政主管部门审查确定并统一给予行业标准代号，如轻工（QB）。

（三）地方标准

地方标准是指"由国家的某个地区通过并公开发布的标准"。

在我国，地方标准主要由省、自治区、直辖市标准化行政主管部门组织编制、审批、编号和发布。我国地方标准的统一代号为"DB"，每个地方标准的代号为在"DB"后加上各地方行政区划代码的前两位数，如DB 11为北京市地方标准的代号。

（四）团体标准

团体标准是指"由社会团体通过并发布的标准"。

团体标准的统一代号为"T"，每个团体标准的代号为在"T"后面加上"/团体代号"。

（五）企业标准

企业标准是指"企业内部需要协调统一的技术要求、管理要求和工作要求制定的标准。"

企业标准是企业组织生产经营活动的基础。国家鼓励企业制定严于国家标准和行业标准的企业标准。企业标准由企业制定，由企业法定代表人或法定代表人授权的主管领导批准发布。

二、按照标准化领域分类

从标准化领域这一维度对标准进行划分，可以将标准分为不同的专业类别。在国际上被广泛使用、我国已经采用的国际标准分类法（International Classification for Standards，ICS），以及我国同时使用的中国标准文献分类法（China Classification for Standards，CCS）中划分出来的标准类别即属于按照标准化领域分类的结果。

这种分类的意义在于通过分类的代码识别某标准针对的标准化对象所属的专业领域，方便标准化机构按照标准涉及的领域对标准进行管理。由于标准设计的标准化领域一般都非常广泛，各标准机构为了辨识和管理，通常都采用这种分类方法。

（一）国际标准分类法

国际标准分类法（ICS）是国际标准化组织（ISO）1992年发布的标准文献国际分类法（在我国被译为国际标准分类法）。ICS根据标准化对象所属的标准化领域标准进行分类，由三级类目构成：第一级设40个大类，例如：机械制造、电气工程、纺织和皮革技术、食品技术、化工技术、玻璃和陶瓷工业、橡胶和塑料工业、造纸技术、家用和商用设备、文娱、体育等。第一级大类下又细分为392个二级分类，并进一步细分为909个三级分类。ICS采用阿拉伯数字编码，第一级到第三级分别用两位、三位、两位数字表示，各级之间使用下脚点相隔。例如：

一级：97 家用和商用设备、文娱、体育；

二级：97.040 厨房设备；

三级：97.040.30 家用制冷设备。

（二）中国标准文献分类法

中国标准文献分类法（CCS）是原国家技术监督局于1989年发布的适用于我国标准文献的专用分类法。该分类以专业领域为划分依据，采用字母与数字的混合标识制度，由两级类目构成：一级类目共设24类，用字母标识，如Y表示轻工、文化和生活用品，X表示食品等；二级类目用双位数字标识，如Y60家用电器基础标准与通用方法。

三、按照标准化对象分类

标准化对象是"需要标准化的主题"。从标准化对象这一维度对标准进行分类，可以将标准划分成不同的对象类别。通常所称的产品、过程或服务就是对标准制定活动中的标准化对象的概括，以这种概括的标准化对象为依据对标准进行分类，可以得出产品标准、过程标准或服务标准的对象类别。

按照标准化对象将标准划分成对象类别的意义：一方面可以清楚地区分出标准的主题，便于标准的应用；另一方面可以根据标准化对象的具体情况，确定针对其整体编制形成单独的标准，或针对其不同的方面将标准分成系列部分。

（一）产品标准

产品标准是指"规定产品需要满足的要求以保证其适用性的标准"。

根据上述定义可以归纳出产品标准的特点：标准化对象为具体的产品，编制标准的目的是保证产品的适用性，标准中规定的内容为"产品应满足的要求"。产品标准的标准化对象可进一步细分，根据细分的结果还可将产品标准分为原材料标准、零部件或元器件标准、制成品标准或系统标准（系统标准是指"规定系统需要满足的要求以保证其实用性的标准"）等。

（二）过程标准

过程标准是指"规定过程应满足的要求以保证其适用性的标准"。

根据上述定义可以归纳出过程标准的特点：标准化对象为过程，编制标准的目的是保证过程的适用性，标准中规定的内容为"过程应满足的要求"。过程标准的标准化对象通常会涉及诸如设计、制造、安装、使用、管理、申请、评定或检验等。

(三) 服务标准

服务标准是指"规定服务应满足的要求以保证其适用性的标准"。

根据上述定义可以归纳出服务标准的特点：标准化对象为服务，编制标准的目的是保证服务的适用性，标准中规定的内容为"服务应满足的要求"。服务标准的标准化对象通常会涉及诸如：服务提供、服务评价等。

四、按照编制标准目的分类

编制任何一项标准都有其特定目的，编制标准的目的不同，标准的技术内容就会不同，从编制标准的目的这一维度对标准进行分类，可以将标准划分成不同的目的类别。

以目的为依据对标准进行分类，可以快速确认编制标准的目的，这样一方面可以编写为达到标准编制目的需要的内容；另一方面按照明确的目的编制形成的标准为更好地应用标准打下了良好的基础。

文件编制目的，如果是基础使用方面的目的，形成标准的目的类别即为基础标准；如果是可用性和多个产品或服务配合方面的目的，形成标准的目的类别则为技术标准；如果是公共利益方面的编制目的，形成标准的目的类别为公益标准，通常包括卫生标准、安全标准、环保标准等。

(一) 基础标准

基础标准是指以相互理解或品种控制为编制目的形成的具有广泛适用性的标准。其中的内容在编制其他标准（如服务标准、技术标准、规范标准等）时会经常用到，相关内容往往会被其他标准所引用。换句话说，基础标准是编制其他标准的基础。

由于术语标准、符号标准、分类标准、试验标准的编制目的是促进相互理解或品种控制，因此从编制目的的维度来看，他们都属于基础标准。

(二) 技术标准

技术标准是指以保证可用性、互换性、兼容性、互相配合或品种控制为目的而编制，规定标准化对象需要满足的技术要求的标准。这里所指的技术标准，其编制目的是针对技术问题，不是针对出于公共利益关注的目的（如安全、健康等）。技术标准是通过市场机制的作用广泛应用的,因此这类标准不会编制成强制性标准。

为了上述目的编制的"产品标准、过程标准和服务标准"以及"分类标准、规范标准、规程标准、指南标准"等属于技术标准。

(三)公益标准

公益标准是指以安全、健康、环境保护、资源利用等为目的编制的,规定为达到这些目的,标准化对象需要满足的要求的标准。根据编制标准的具体目的,公益标准又可以细分为安全标准、卫生标准、环保标准以及资源利用标准。

1. 安全标准

安全标准是指以"免除了不可接受的风险的状态"为目的编制的标准。安全是一个相对的概念,没有绝对的安全。因此,针对产品、过程或服务编制安全标准时,通常考虑的是获得包括诸如人类行为等非技术因素在内的若干因素的最佳平衡,将伤害到人员和物品的风险降低到可接受的程度。

安全标准中可以规定产品、过程或服务需要满足的安全要求,也可以规定为了安全的目的必须设计的结构、执行的程序、工艺等。

只有安全成为编制标准的唯一目的,即标准是专门为了安全目的而编制的,这类标准才称为安全标准,也才有可能编制成强制性标准,如消费品安全标准、电气安全标准等。以适用性为目的编制的标准,可能涉及安全内容,如产品标准中规定了安全要求,但这类标准不属于安全标准,只是标准中涉及了安全内容。

2. 卫生标准

卫生标准是指以保障健康为目的编制的标准。卫生标准通常根据健康要求规定产品、过程、服务以及环境中化学的、物理的及生物有害因素的卫生学容许限量值,即最高容许浓度。该浓度是根据环境中有害物质和机体间的剂量-反应关系,考虑到敏感人群和接触时间而确定的一个对人体健康不会产生直接或间接有害影响的"相对安全浓度"。

只有保障健康成为编制标准的唯一目的,即所编制的标准是专门为了健康的目的,这类标准才称为卫生标准,也才有可能编制成强制性标准,如生活饮用水卫生标准等。以适用性为目的编制的标准,也可能涉及卫生内容,例如产品标准中列出了一些卫生指标,但这类标准不属于卫生标准,只是标准中涉及了卫生的内容。

3. 环保标准

环保标准是指以环保为目的，使得环境免受产品的使用、过程的操作或服务的提供造成的不可接受的损害的标准。环保标准通常规定如下内容。

——污染物排放限制：为了实现保护环境的目的，对污染源排入环境的污染物质或各种有害因素所作的限制性规定。污染物排放标准可分为大气污染物排放标准、水污染物排放标准、固体废弃物排放标准等污染控制标准等。

——环境质量：为了保护生存环境、维护生态平衡，对环境中污染物和有害因素的含量所作的限制性规定。

只有环境保护成为编制标准的唯一目的，即所编制的标准是专门为了环保的目的，这类标准才称为环保标准，也才有可能编制成强制性标准，如工业污染物排放标准等。

4. 资源利用标准

资源利用标准是指以资源节约（如节能、节水、节材等）与综合利用（如家用电器回收与综合利用）为目的编制的标准。

资源利用标准通常规定能效限定值、节能评价值或能效分等分级等。能效限定值是指在规定测试条件下所允许的用能产品的最大耗电量或最低能效值；节能评价值是用能产品是否达到节能产品认证要求的评价指标；能效分等分级是根据耗电量和能效水平的高低将产品分为1、2、3、4、5级（以5级为例），其中1级表示能效水平最高、最节能，5级表示仅达到了能效限定值指标。

五、按照遵守与执行的效力分类

《中华人民共和国标准化法》规定，国家标准分为强制性标准和推荐性标准，行业标准和地方标准是推荐性标准。

（一）强制性标准

根据《中华人民共和国标准化法》，对保障人身健康和生命财产安全、国家安全、生态环境安全以及满足经济社会管理基本需要的技术要求，应当制定强制性国家标准。

强制性标准必须执行。不符合强制性标准的产品、服务，不得生产、销售、进口或者提供。

生产、销售、进口产品或者提供服务不符合强制性标准，或者企业生产的产品、提供的服务不符合其公开标准的技术要求的，依法承担民事责任。生产、销售、进口产品或者提供服务不符合强制性标准的，依照《中华人民共和国产品质量法》《中华人民共和国进出口商品检验法》《中华人民共和国消费者权益保护法》等法律、行政法规的规定查处，记入信用记录，并依照有关法律、行政法规的规定予以公示；构成犯罪的，依法追究刑事责任。

（二）推荐性标准

根据《中华人民共和国标准化法》，对满足基础通用、与强制性国家标准配套、对各有关行业起引领作用等需要的技术要求，可以制定推荐性国家标准。对没有推荐性国家标准、需要在全国某个行业范围内统一的技术要求，可以制定行业标准。为满足地方自然条件、风俗习惯等特殊技术要求，可以制定地方标准。

国家鼓励采用推荐性标准。

六、按照标准内容适用的广度分类

一些标准的内容可以适用多个领域或一个领域中的多个专业，有些标准的内容仅适用于某个特定的标准化对象。按照标准内容适用的广度可以将标准分为通用标准和专用标准。

（一）通用标准

通用标准是指包含某个或多个特定领域普遍适用的条款的标准。包含多个领域普遍适用的条款的标准属于"跨领域通用标准"；仅包括含某个特定领域内普遍适用的条款的标准属于"领域内通用标准"。通用标准在其名称中常包含词语"通用"，例如通用规范、通用技术等。

（二）专用标准

专用标准是指仅包含适用某个特定标准化对象的条款的标准。实际上除了通用标准都属于专用标准。

BZH

第二章

标准化管理

第一节 标准化法律法规

一、《中华人民共和国标准化法》

《中华人民共和国标准化法》由中华人民共和国第十二届全国人民代表大会常务委员会第三十次会议于2017年11月4日修订通过，共六章四十五条，自2018年1月1日起施行。

二、《国家标准化发展纲要》

中共中央、国务院于2021年10月印发《国家标准化发展纲要》，并发出通知，要求各地区、各部门结合实际认真贯彻落实。

《国家标准化发展纲要》提出，到2025年，我国标准化发展要实现"四个转变"：标准供给由政府主导向政府与市场并重转变；标准运用由产业与贸易为主向经济社会全域转变；标准化工作由国内驱动向国内国际相互促进转变；标准化发展由数量规模型向质量效益型转变。到2035年，结构优化、先进合理、国际兼容的标准体系更加健全，具有中国特色的标准化管理体制更加完善，市场驱动、政府引导、企业为主、社会参与、开放融合的标准化工作格局全面形成。

《国家标准化发展纲要》明确七个方面重点任务，包括：推动标准化与科技创新互动发展、提升产业标准化水平、完善绿色发展标准化保障、加快城乡建设和社会建设标准化进程、提升标准化对外开放水平、推动标准化改革创新和夯实标准化发展基础。

三、《国家标准管理办法》

国家市场监督管理总局发布《国家标准管理办法》（国家市场监督管理总局令第59号），共四章四十六条，自2023年3月1日起实施。

四、《强制性国家标准管理办法》

《强制性国家标准管理办法》于2019年12月13日经国家市场监督管理总局2019年第16次局务会议审议通过，共五十五条，自2020年6月1日起施行。

五、《行业标准管理办法》

《行业标准管理办法》于2023年11月28日经国家市场监督管理总局令第86号发布，共三十二条，自2024年6月1日起施行。

六、《工业通信业行业标准制定管理办法》

《工业通信业行业标准制定管理办法》经2020年7月29日工业和信息化部第17次部务会议审议通过，共六章二十九条，自2020年10月1日起施行。

七、《团体标准管理规定》

《团体标准管理规定》经国务院标准化协调推进部际联席会议第五次全体会议审议通过，共五章四十三条，于2019年1月9日发布并实施。

八、《企业标准化促进办法》

《企业标准化促进办法》于2023年8月31日由国家市场监督管理总局令第83号公布，共三十六条，自2024年1月1日起施行。

九、《国家标准涉及专利的管理规定（暂行）》

国家标准化管理委员会、国家知识产权局于2013年12月19日发布《国家标准涉及专利的管理规定（暂行）》，共五章二十四条，自2014年1月1日起施行。

十、《采用国际标准管理办法》

《采用国际标准管理办法》于2001年11月21日经原国家质量监督检验检疫总局局务会议审议通过,共五章二十三条,自2001年12月4日起施行。

十一、《国家标准外文版管理办法》

《国家标准外文版管理办法》由国家标准化管理委员会制定,共六章二十五条,自2016年8月26日起实施。

十二、《标准出版发行管理办法》

《标准出版发行管理办法》于1991年11月7日由原国家技术监督局颁布,共十九条,自发布之日起施行。

第二节 标准化行政管理部门

一、国家标准化管理委员会

(一) 主要职责

国家市场监督管理总局对外保留国家标准化管理委员会牌子。以国家标准化管理委员会名义,下达国家标准计划,批准发布国家标准,审议并发布标准化政策、管理制度、规划、公告等重要文件;开展强制性国家标准对外通报;协调、指导和监督行业、地方、团体、企业标准工作;代表国家参加国际标准化组织、国际电工委员会和其他国际或区域性标准化组织;承担有关国际合作协议签署工作;承担国务院标准化协调机制日常工作。

（二）内设机构

——标准技术管理司

拟订标准化战略、规划、政策和管理制度并组织实施。承担强制性国家标准的立项、编号、对外通报和授权批准发布工作。协助组织查处违反强制性国家标准等重大违法行为。组织制定推荐性国家标准（含标准样品），承担推荐性国家标准的立项、审查、批准、编号、发布和复审工作。承担国务院标准化协调机制的日常工作。承担全国专业标准化技术委员会管理工作。

——标准创新管理司

协调、指导和监督行业、地方标准化工作。规范、引导和监督团体标准制定、企业标准化活动。开展国家标准的公开、宣传、贯彻和推广实施工作。管理全国物品编码、商品条码及标识工作。承担全国法人和其他组织统一社会信用代码相关工作。组织参与国际标准化组织、国际电工委员会和其他国际或区域性标准化组织活动。组织开展与国际先进标准对标达标和采用国际标准相关工作。

二、工业和信息化部

（一）主要职责（与标准相关）

——制定并组织实施工业、通信业的行业规划、计划和产业政策，提出优化产业布局、结构的政策建议，起草相关法律、法规草案，制定规章，拟订行业技术规范和标准并组织实施，指导行业质量管理工作。

——拟订高技术产业中涉及生物医药、新材料、航空航天、信息产业等的规划、政策和标准并组织实施，指导行业技术创新和技术进步，以先进适用技术改造提升传统产业，组织实施有关国家科技重大专项，推进相关科研成果产业化，推动软件业、信息服务业和新兴产业发展。

（二）内设机构（与标准相关）

——办公厅

负责机关文电、信息、安全保卫、保密、信访等工作；负责机关日常工作的协调和督查；承担政务公开、新闻发布等工作。

——科技司

组织拟订并实施高技术产业中涉及生物医药、新材料、航空航天、信息产业等的规划、政策和标准;组织拟订行业技术规范和标准,指导行业质量管理工作;组织实施行业技术基础工作;组织重大产业化示范工程;组织实施有关国家科技重大专项,推动技术创新和产学研相结合。

——节能与综合利用司

拟订并组织实施工业、通信业的能源节约和资源综合利用、清洁生产促进政策,参与拟订能源节约和资源综合利用、清洁生产促进规划和污染控制政策,组织协调相关重大示范工程和新产品、新技术、新设备、新材料的推广应用。

——消费品工业司

承担轻工、纺织、食品、医药、家电等行业的管理工作;拟订卷烟、食盐和糖精的生产计划;承担盐业和国家储备盐行政管理、中药材生产扶持项目管理、国家药品储备管理工作。

三、中国轻工业联合会

(一)主要职责

中国轻工业联合会现分设办公室、党建人事部(纪检监察室)、综合业务部、质量标准部、手工艺产业部、食品产业部、资产财务部、经济合作部(国际合作部)、城镇集体经济部(政策法规部)、信息统计部(信息中心)。受国资委党委委托,代管国家级46个行业协会、5个行业学会、1个政研会、企事业单位18家。其主要职责:

——调查研究轻工行业经济运行、企业发展等方面的情况,向政府反映行业企业的意见和要求,为政府部门制定有关经济政策和立法方面等提供建议和咨询服务;

——组织开展行业统计,收集、分析、研究和发布行业信息,依法开展统计调查,建立电子商务信息网络;

——组织制订行业规划,对行业投资开发、重大技术改造、技术引进等项目进行前期论证与初审;

——组织制订、修订轻工行业国家标准、行业标准、技术规范和团体标准,组织贯彻实施并进行监督;

——参与行业质量认证和监督管理工作,为企业的工作质量提供诊断、咨询服务;

——推动行业科技进步,开展行业科技交流,组织行业科技奖评审并推荐国家级科技

进步奖,组织行业科技成果鉴定和推广应用等;

——组织开展行业培训、行业先进和中国工艺美术大师评选,参与行业职业技能鉴定;

——组织、协调、举办行业大型国内及国际展览会;

——制定行规行约,加强行业自律,规范行业行为,维护行业整体利益;

——出版发行刊物、资料,组织开展行业宣传交流,承担行业报刊的管理工作;

——为知识产权保护、反倾销、反补贴、反不正当竞争、打击走私等提供咨询服务;

——承担政府部门委托的其他任务。

中国轻工业联合会受委托归口管理服务的行业和主要产品包括:

制浆造纸、自行车、缝制机械、钟表、陶瓷、玻璃、搪瓷、电光源及照明电器、电池、日用化学制品(洗涤用品、化妆品、口腔清洁及护理用品和表面活性剂等精细化工产品等)、制盐、食品及饮料、皮革皮毛及其制品、家具、文教体育用品、眼镜、工艺美术品、塑料制品、五金制品、家用电器、羽绒及其制品、制笔、乐器、文房四宝、少数民族用品、衡器、日用杂品、玩具、礼仪休闲用品、室内装饰、轻工装备等。

(二)内设机构(与标准相关)

中国轻工业联合会与标准业务相关的内设机构为质量标准部。下设三个处,分别是:综合处(电话:010-64286552)、标准处(电话:010-64286561)、质量检测处(电话:010-64286275)。

第三节 标准化技术组织管理办法

一、《全国专业标准化技术委员会管理办法》

《全国专业标准化技术委员会管理办法》经2017年10月10日原国家质量监督检验检疫总局局务会议审议通过,2017年10月30日原国家质量监督检验检疫总局令第191号公布,共五章五十六条，自2018年1月1日起施行。

二、《工业和信息化部专业标准化技术委员会管理办法》

为了加强工业和信息化部专业标准化技术委员会管理，根据《中华人民共和国标准化法》等法律、行政法规制定《工业和信息化部专业标准化技术委员会管理办法》，共六章三十七条。2022年12月30日工业和信息化部令第59号公布，自2023年2月1日起施行。

三、《轻工行业全国专业标准化技术委员会管理办法》

《轻工行业全国专业标准化技术委员会管理办法》，共五章五十条，自2018年9月8日起施行。

第三章

国家（行业）
标准制修订规程

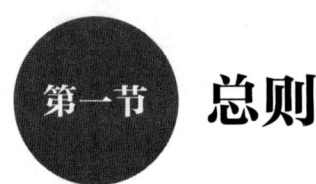

第一节 总则

一、标准制修订整体过程以及各阶段工作

标准制定不仅需要大量的技术工作,而且需要大量的组织、协调和管理工作,严格按照标准程序开展标准制修订工作,是保障标准编制质量,提高标准技术水平,缩短标准制定周期,实现标准制定过程公平公正、公开透明、协商一致的基础和前提。

标准的制修订程序通常有两类:一类为常规程序,即正常程序;另一类为快速程序。

(一)常规程序

标准制修订的常规程序需要经过表3-1中的9个阶段。

注:本教材中的表格在实际使用过程中以最新格式为准。

表3-1 标准制修订程序的阶段划分

序号	阶段名称	阶段成果
1	预研阶段	提供新工作项目建议
2	立项阶段	提供新工作项目
3	起草阶段	提出征求意见稿
4	征求意见阶段	提出送审稿
5	审查阶段	提出报批稿
6	批准阶段	提供标准出版稿
7	出版阶段	已经出版的标准文本
8	复审阶段	定期复审
9	废止阶段	废止

注:强制性国家标准从计划下达到报送报批材料的期限一般不得超过24个月。推荐性国家标准从计划下达到报送报批材料的期限一般不得超过18个月。行业标准制定周期(从计划下达到完成报批)一般不超过24个月,修订周期一般不超过18个月。

国家标准修改单的程序不完全同于国家标准制定的常规程序，应按照《国家标准修改单管理规定》中所要求的进行国家标准修改单的起草、征求意见及审查，形成国家标准修改单报批稿及相关资料。国家标准修改单起草阶段的征求意见时间可以缩短为1个月。

（二）标准快速程序

快速程序是在常规程序基础上，省略起草阶段（B程序）或者起草阶段和征求意见阶段（C程序），一般有以下几种情况：

——采标标准：对于等同采用或修改采用国际标准或国外先进标准的项目，可采用B程序；

——修订标准：对于现行标准的修订项目，可采用C程序（或B程序）；

——转化标准：对于现行其他层级的标准，进行转化的项目可采用C程序。

列入快速程序的标准在预研阶段和立项阶段应严格审批，下达项目计划注明"FTP-B"或"FTP-C"字样。

（三）信息系统

1. 国家标准

"全国标准信息公共服务平台"与国家标准制修订工作息息相关，包括国家标准的立项申报、标准起草、征求意见、审查、标准报批、协助办理、计划调整及复审具体操作，以及标准立项申报及报批过程中涉及的电子投票、计划调整、协助办理相关操作以及国家标准外文版的立项申报、翻译、审查、报批等的具体操作。

2. 行业标准

行业标准的相关材料，需要提交至"工业和信息化标准信息服务平台"（https：//std.miit.gov.cn）中。

二、计划变更

（一）国家标准计划变更的处置原则

（1）国家标准主要有以下变更："项目名称（范围）调整""项目延期"等。

（2）当计划变更时，技术委员会在"国家标准制修订管理系统"提交申请，调整单创建过程中，需要完成申报公文的设置和提交，"项目名称（范围）调整"建议报批前2个月提交变更申请，"项目延期"应在原计划到期30日之前提交申请。强制性国家标准的延长时限不得超过12个月，推荐性国家标准的延长时限不得超过6个月。

（3）对于分技术委员会申报的调整单，需要经技术委员会审核后才能上报。

（二）行业标准计划变更的处置原则

（1）行业标准主要有以下变更："项目名称调整""主要起草单位变更""项目延期"等。

（2）当发生计划变更情况时，必须按规定填写《行业标准项目计划调整申请表》办理计划调整申请。

（3）计划变更必须按程序经标准化技术委员会（或本项目所涉及的专业分技术委员会）全体委员审查通过（具体为：参加投票的委员不得少于委员总数的3/4，赞成意见占参加投票委员的2/3以上且反对意见不超过参加投票委员的1/4）方为有效（行业标准若为专家审查，按要求不得少于15位专家，赞成专家数占全体专家数的3/4以上方为审查通过）。

（4）计划变更必须在编制说明、审查结论、报批项目的情况说明、标准报批签署单等相应文件中予以说明。

（5）项目若需延期，标准化技术组织应在项目到期前30日在工业和信息化标准信息服务平台提交延期申请，延期时间一般不得超过12个月，延期次数一般不得超过1次。

（6）《行业标准项目计划调整申请表》要求：

①"项目批准文件及文号"要写全；

②若有"项目名称调整"情况，"项目名称"应填写计划下达时的名称；

③"申请调整的内容"一栏，仅填写调整的内容。调整的理由需填入"理由和依据"一栏，理由和依据要完整充分；

④盖章、负责人签字和日期都应齐全；

⑤此表需盖标准化技术委员会业务专用章或归口单位业务章，以及主要起草单位公章。

（7）示例见表3-2。

表3-2　行业标准项目计划调整申请表（示例）

项目批准文件及文号	20××年第×批行业标准制修订和外文版项目计划 工信厅科函［20××］×××号		
项目名称	"计划下达名称"	计划编号	20××-××××T-QB
申请调整的内容	1.标准名称由"计划下达名称"更改为"报批名称" 2.起草单位由"计划下达起草单位"更改为"报批起草单位" 3.延期至20××年××月		
理由和依据	1.标准名称变更理由和依据 2.起草单位变更理由和依据 3.延期理由和依据		
主要起草单位	单位名称：（报批稿第一起草单位） 负责人：　　　　　　　　（签名、盖公章）　　　　年　月　日		
标准化技术组织	组织名称： 负责人：　　　　　　　　（签名、盖公章）　　　　年　月　日		
初审机构	单位名称： 负责人：　　　　　　　　（签名、盖公章）　　　　年　月　日		
初审机构承办人：　　　　　　　　　　　　　　　电　话：			

三、标准中关于专利的处置

（一）不涉及专利

1. 国家标准

——前言写"请注意本文件的某些内容可能涉及专利。本文件的发布机构不承担识别专利的责任。"

——编制说明、报批项目的情况说明、审查结论等报批材料中均写"本标准不涉及专利问题"。

2. 行业标准

——前言不写"请注意本文件的某些内容可能涉及专利。本文件的发布机构不承担识别专利的责任。"

——编制说明、报批项目的情况说明、审查结论等报批材料中均写"本标准不涉及专利问题"。

（二）涉及专利

标准中涉及的专利应当是必要专利，即实施该项标准必不可少的专利。涉及专利时：

——专利持有人应发布专利许可声明（见示例3-1）和专利披露声明（见示例3-2），并说明专利名称、专利申请号或专利号、法律状态、专利权人。将声明及有关文件以书面形式到标准发布机构备案。

示例3-1

专利许可声明

专利持有人就所拥有的与本标准有关的专利作如下声明：

专利持有人同意在公平、合理和非歧视的条款和条件下，授予标准实施者非独占的制造、使用和/或销售符合标准的产品的专利使用许可。

标准名称：_____

专利号-专利名称：_____

专利持有人名称（盖章）：_____

法定代表人/个人（签名）：_____

地　　址：_____

续

```
电    话：_____
传    真：_____
电子邮件：_____
日    期：_____
```

示例3-2

专利披露声明

本标准起草单位，在知晓范围内，已经全部披露了参与标准制定的单位以及可能涉及的其他单位已经获得授权的专利和/或已经公开的专利。

附件：1. 标准草案引用的专利清单
      2. 标准草案中引用专利的技术说明

单位（盖公章）：   日　期：

——技术归口单位应说明引用专利的理由，包括在技术上的必要性、合理性、有或无可替代方案，若有替代方案，不采用的原因。

——如果标准编制过程中已经识别出标准的某些技术内容涉及专利时，前言中不写免责声明，在引言中进行表述。

"本文件的发布机构提请注意，声明符合本文件时，可能涉及……[条]……与……[内容]……相关的专利的使用。

本文件的发布机构对于该专利的真实性、有效性和范围无任何立场。

该专利持有人已向本文件的发布机构承诺，他愿意同任何申请人在合理且无歧视的条款和条件下，就专利授权许可进行谈判。该专利持有人的声明已在本文件的发布机构备案。相关信息可以通过以下联系方式获得：

专利持有人姓名：……
地址：……

请注意除上述专利外，本文件的某些内容仍可能涉及专利。本文件的发布机构不承担识别专利的责任。"

——编制说明、报批项目的情况说明、审查结论等报批材料中，要说明清楚哪些涉及专利及处置情况。

——在标准报批时,需要提供专利披露声明、标准草案引用的专利清单(见示例3-3)、标准草案中引用专利的技术说明(见示例3-4)。

示例3-3

标准草案引用的专利清单

标准草案名称:_____

编号	专利名称	申请号	法律状态	专利权人	国家	声明日期	领取许可证者（附页填写）	备注

标准项目负责人（签字）：
标准主要起草单位（盖公章）：
年　月　日

填写说明：
1. "编号"指本标准草案赋予被引用专利的序列号。
2. "法律状态"指专利在被引用时所处的状态,包括:授权、公开、实审、公告。
3. "国家"指专利在哪些国家进行了申请及获得授权,其申请和授权的具体情况可在备注中说明。
4. "声明日期"指专利权人就本标准签署专利许可声明的日期。
5. "备注"一栏中填写本表中未提及的项目,可另附页。
6. 草案中未涉及的项目可不填写。

示例3-4

标准草案中引用专利的技术说明
标准草案名称：
标准中引用的专利：（包括已授权专利或申请中的专利名称）
引用上述专利的技术理由（包括在技术上的必要性、合理性、有或无可替代方案，若有替代方案，不采用的原因）：
标准审查会/函审专家意见：
标准化技术组织意见： 负责人：　　　　　　　　　　（签名、盖公章） 　　　　　　　　　　　　　　　　　　　　　　年　月　日
标准项目负责人（签名）： 　　　　　　　　　　　　　　　　标准主要起草单位（盖公章）： 　　　　　　　　　　　　　　　　　　　　　　　　年　月　日

第二节　标准的预研

一、预研阶段的主要工作及流程

对将要立项的新工作项目进行研究及必要的论证，并在此基础上提出新工作项目建议，包括标准草案或标准大纲（如标准的范围、结构及其相互关系等）。

二、标准预研内容

标准预研内容的工作主要包括提出项目建议、查询与调研、论证必要性和可行性、编写立项申请材料。强制性国家标准项目由国务院有关行政主管部门依据职责负责提出。

推荐性国家标准项目由国务院各有关行政主管部门、行业协会、省级标准化行政主管部门和技术委员会征集、遴选和申报。

政府部门、社会团体、企业事业组织以及公民可以向工业和信息化部提出行业标准制定或者修订的立项建议。工业和信息化部组织有关标准化技术组织对立项建议进行论证评估。形成评估意见报送中国轻工业联合会。

图3-1所示为推荐性国家标准和行业标准项目提案形成至提交标准化技术委员会流程示意图。

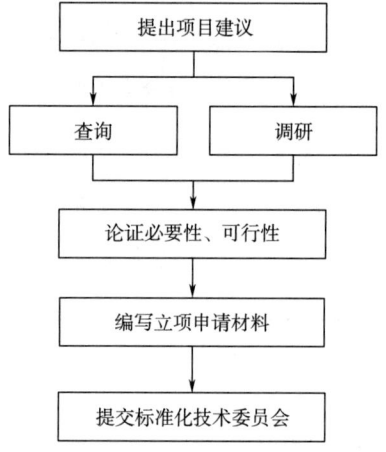

图3-1　项目提案形成至提交标委会流程示意图

（一）提出项目建议

提出项目建议，应根据每年的标准立项指南等相关文件，结合本领域标准体系提出。具体如下：

——对于现有标准，标龄过长或者标准应用领域的相关技术已有显著进步者，宜提出修订项目；

——当国际现有标准切合国内相关应用领域时，提出采标项目；

——现实有明确需求，宜提出制定项目。

（二）查询与调研

应围绕项目提议的主题，展开相关查询与调研工作。具体可从以下几方面考虑：
——搜索用于分析背景的信息或者资料；
——查询是否与现有标准存在交叉重复；
——收集相关的技术资料；
——调研标准可能的应用领域需求；
——如果可能，调研标准的预计使用者情况；
——归纳整理，最好形成基于数据的调研报告。

（三）论证必要性和可行性

根据查询与调研结果，结合现实需求，召集相关各方，以会议形式充分讨论，以实事求是为原则，论证必要性和可行性，记录论证结论。论证往往通过会议形式（亦可采用分发信函的形式）由标准化技术委员会或有意向的单位组织，参加者应具有代表性、广泛性，会议次数可以一次或多次，会议应有记录。

1. 必要性论证

标准项目的必要性通常表现为项目制定的紧迫性，表现在项目解决的主要问题以及对政府监管、行业规范、产业发展所起的支撑作用，也即项目所在领域对标准的需求程度。

标准立项取决于标准是否必要，是否能解决问题，是否能产生相应的经济效益、社会效益和生态效益。具体来说，就是制定标准的目的意义是什么，制定标准的范围是什么，相关配套的标准情况如何，以及将来的经济、社会和生态效益情况。

2. 可行性论证

可行性论证的目的在于弄清制定标准的时机是否已经成熟，制定的条件是否已经具备，制定后实施有何困难、如何解决等。

可行性论证的方法主要是进行广泛的调查研究，收集各种标准资料、生产经验总结、有关的科研成果、生产和使用中存在的问题以及解决办法等，通过综合研究、深入分析、反复论证和试验验证明确以下问题：
——标准的需求程度分析；

——制定标准的目的和用途；

——明确标准的适用范围。

制定标准项目可行性论证的内容一般为：

（1）提出项目的时机是否成熟

技术的成熟程度，就是要考察在现有技术条件下能实现标准化目标的可能性。标准化对象的技术基础是否充分，极大地影响到标准化活动的难易程度。应考虑：所选技术是否符合主流技术的发展方向，有没有类似的技术可以替代，有没有专利风险；相应的技术领域是否开展过标准化活动，是否进行过试验和验证工作。

制定标准的时机应是在被试验验证在技术上可行，并能产生规模效益的时机，即技术上已趋于成熟的时机。如果不是这种情况，就不宜制定国家或行业标准（国家指导性技术文件、团体标准等除外）。同时，尽可能对完成该标准化项目带来的经济效益、社会效益和生态效益进行量化分析，如计算在未来合理的时间内不制定该标准所造成的损失等。制定标准的时机应是经济发展最需要的时期，即能带来最大的经济、社会和生态效益的时期。错过这个时机，经济、社会和生态效益就会相应降低或受到损害；还需要考虑时效性，包括通过对标准所涉及技术的评估和预测，分析由于技术进步的影响，标准项目实施有效性的持续期；通过分析其他领域或组织的需求，判断拟开展项目需要开展的紧迫程度；现在制定项目是否是一个恰当的时间，是否已经充分估计了技术的预期发展状况，从而是否能够按照预定时间完成标准的制定工作。

（2）拟提出项目的条件是否具备

首先，是否有合适的起草标准的单位：标准的制定是一项技术性、综合性很强的科研工作。因此，起草标准单位的业务范围应与标准涉及的内容相适应，要对标准涉及的专业性理论研究和试验技术都有一定的基础、权威，对标准中技术发展趋势、国内外的生产水平和使用要求、当前存在问题和解决办法都比较了解，最好具备进行有关试验的能力。这些单位可以是科研单位、生产企业，也可以是大专院校或使用单位等。要结合标准内容，由标委会根据资源、业务实力、领域地位等因素综合考虑确定标准起草的牵头单位以及参与单位，如主要起草单位、参加起草单位、试验验证单位等，以确保其能胜任所承担或安排的任务。如果是修订项目，建议拟定的标准起草牵头单位与被修订标准的原第一起草单位（第一起草人）进行良好沟通。

其次，有充足的资料准备：标准内容是否完整、全面、准确、合理，很大程度上依靠对收集来的资料的整理、归纳、分析、对比。因此，要尽量收集有关的国内外有关技术资料，包括国际标准、区域标准、国家标准、行业标准、地方标准、团体标准、企业标准以及可供参考的产品说明书等，要收集有关科研成果报告、论文，收集有关生产、使用的现状经验，总结存在问题的解决办法等资料；对收集到的国外资料，应理解原文，弄清来龙去脉，才能恰当取舍。

最后，有协调配套的措施：拟提出项目的同时，还需要考虑标准的相互配套项目的提出，目的是便于标准协调配套，协同实施。为此，在编制项目建议书时，应考虑配套使用的标准是否同时列入拟新工作项目。

3. 协调性

除了要注意标准本身各部分之间的协调性、标准与其他相关标准之间的协调性，还要注意标准与其他单位的项目或业务范围有无交叉或重复。

（四）编写立项申请材料

立项申请材料应按标准立项的具体要求编写，包括：
——项目建议书；
——项目申报书（适用于国家标准）；
——标准草案；
——其他相关材料。

其中，标准草案应明确提出主要章及各章所规定的主要技术内容。其他相关材料，建议提交或准备近两年的标准体系表、项目的预研及验证报告等相关材料。

对于修订项目，应重点说明拟修订的主要内容、理由及其合理性；以及修订后标准主要技术指标的变化情况。

对于采标项目，需要更多关注以下几点：
——申报前应明确采标程度（等同、修改），修改采标的应在草案中明确与国际标准的主要技术差异；
——申报前应查询拟采用国际标准的制修订状态，对处在复审状态的国际标准应待复审结论明确后再行申报，对处在修订状态的国际标准应在进入FDIS阶段后再行申报；
——拟采用的国际标准化文件为技术规范（TS）、技术指导（TR）时，原则上应申报为指导性技术文件；
——拟采用国际标准的归口单位在国内有对口标准化技术委员会的，应由对口标准化技术委员会申报。其他单位申报时，应提前与相关对口标准化技术委员会协调一致并提供证明文件；拟采用国际标准的归口单位在国内无对口标准化技术委员会的，应确保国际标准属于归口单位的工作范围，并提前与相关国内技术对口单位协调一致。

三、所形成的文件

国家标准所形成的文件，主要包括项目申报公文、项目汇总表、项目建议书、项目申报书和标准草案。

行业标准所形成的文件，主要包括项目申报公文、项目计划建议汇总表、项目建议书、标准草案，以及申报行业标准项目的情况说明。

（一）项目建议书

项目建议书主要内容包括：建议项目名称、建议单位信息、标准类别、制修订情况、预计所需时间、是否采用快速程序、采用国际标准情况、专利识别、目的意义、主要技术内容、必要性、可行性和项目成本预算等内容，项目建议书反映了项目提案的主要内容，以及标准化技术委员会对该项目评估的结果。

修订标准的"范围和主要技术内容"部分，要重点将修订的技术内容差异写明。

强制性国家标准项目建议书示例见表3-3，推荐性国家标准项目建议书示例见表3-4，行业标准项目建议书示例见表3-5。

表3-3　强制性国家标准项目建议书示例

一、项目名称、标准性质、制修订、采标情况、标准类别等信息				
中文名称				
英文名称				
标准类别	□安全 □方法	□卫生 □管理	□环保 □产品	□基础 □其他
制定/修订	□制定	□修订	被修订标准号	
采用国际标准	□无 □IEC □ISO/IEC	□ISO □ITU □其他	采用程度	□等同 □修改 □非等效
采标号			采标名称	
ICS			CCS	

续表

二、项目提出与组织起草相关信息			
技术归口单位 （或技术委员会）			
起草单位		项目联系人	
联系电话		邮箱	
项目周期	□6个月　□12个月　□18个月　□24个月		
经费预算说明			

三、强制目的、制定依据等内容	
强制性目的	□人身健康和生命财产安全　　　　□国家安全 □生态环境安全　　　　　　　　　□经济社会管理基本需要
实施监督管理部门	
制定及处罚依据	制定依据包括：制定强制性国家标准所依据的法律法规和部门规章以及违反强制性国家标准进行查处的法律法规和部门规章。 请详细列出法律法规分类、名称和条款 | 序号 | 分类 | 名称 | 条款 | |---|---|---|---| | 1 | □法律 □行政法规 □部门规章 □其他 | | | | 2 | □法律 □行政法规 □部门规章 □其他 | | | | 3 | □法律 □行政法规 □部门规章 □其他 | | |
涉及的产品、过程和服务目录	

续表

是否同步制定外文版	□是　□否	理由： （如选"否"，请填写不同步制定外文版的理由，选"是"填写以下信息）	
翻译语种		外文版名称	
翻译承担单位		国内外需求情况	
四、目的意义、范围、主要技术内容等其他信息			
目的、意义			
范围和主要技术内容			
国内外情况简要说明			
是否涉及专利	□是　□否	专利号及名称	
是否由行标或地标转化	□是　□否	行标地标号及名称	
是否有国家级科研专项支撑	□是　□否	科研项目编号及名称	
备注			

填写说明：

1. 非必填项说明

（1）采用国际标准为"无"时，"采用程度""采标号""采标名称"无需填写；

（2）无国家级科研项目支撑时，"科研项目编号及名称"无需填写；

（3）不涉及专利时，"专利号及名称"无需填写；

（4）不由行标或地标转化时，"行标地标号及名称"无需填写。

2. 其他项均为必填，其中经费预算应包括经费总额、国拨经费、自筹经费的情况，并需说明当国家补助经费达不到预算要求时，能否确保项目按时完成。

3. ICS代号可从国家标准化管理委员会网站公布的"ICS分类号"文件中获得，下载地址为：http：//www.sac.gov.cn/bsdt/xz/201011/P020130408501048214251.pdf

4. 备注中必须注明项目投票情况，格式为"技术委员会委员总数/参与投票人数/赞成票数"。省级市场监督管理局申报的项目还应注明与归口技术委员会或归口单位的协调情况。

表3-4 推荐性国家标准项目建议书示例

中文名称				
英文名称				
制定/修订	□制定　　□修订		被修订标准号	
采用国际标准	□无　　　　□ISO □IEC　　　□ITU □ISO/IEC　□其他		采用程度	□等同　　□修改 □非等效
采标号			采标名称	
标准类别	□安全　□卫生　□环保　□基础　□方法　□管理　□产品　□其他			
ICS				
上报单位				
技术归口单位 （或技术委员会）				
主管部门				
起草单位				
项目周期	□12个月　　□16个月　　□18个月			
是否采用快速程序	□是　　□否		快速程序代码	□B1　□B2　□B3 □B4　□C3
经费预算说明				
目的、意义				
范围和主要技术内容				
国内外情况简要说明				
有关法律法规和强制性标准的关系				
标准涉及的产品清单				
是否有国家级科研项目支撑	□是　　□否		科研项目编号及名称	

续表

是否涉及专利	□是　□否	专利号及名称	
是否由行标或地标转化	□是　□否	行地标标准号及名称	
备注			

填写说明：

1. 非必填项说明

（1）采用国际标准为"无"时，"采用程度""采标号""采标名称"无需填写；

（2）不采用快速程序，"快速程序代码"无需填写；

（3）无国家级科研项目支撑时，"科研项目编号及名称"无需填写；

（4）不涉及专利时，"专利号及名称"无需填写；

（5）不由行标或地标转化时，"行地标标准号及名称"无需填写。

2. 其他项均为必填，其中经费预算应包括经费总额、国拨经费、自筹经费的情况，并需说明当国家补助经费达不到预算要求时，能否确保项目按时完成。

3. ICS代号可从国家标准化管理委员会网站公布的"ICS分类号"文件中获得，下载地址为：http://www.sac.gov.cn/bsdt/xz/201011/P020130408501048214251.pdf

4. 备注中必须注明项目投票情况，格式为"技术委员会委员总数/参与投票人数/赞成票数"。省级市场监督管理局申报的项目还应注明与归口技术委员会或归口单位的协调情况。

表3-5　行业标准项目建议书示例

建议项目名称（中文）				建议项目名称（英文）			
制定、修订[1]	□制定		□修订	被修订标准编号			
采用程度[2]	□IDT	□MOD	□NEQ	采标号			
被采用标准名称（中文）				被采用标准名称（英文）			
采用快速程序[3]	□FTP			快速程序代码		□B	□C
项目周期	□12个月		□18个月	□24个月			
ICS分类号				中国标准分类号			
牵头单位							

续表

参与单位		体系编号[4]	
目的、意义或者必要性	指出制定或者修订标准的目的、必要性和可行性		
范围和主要技术内容	标准的技术内容与适用范围		
国内外情况简要说明	1. 国内外对该技术研究情况简要说明：国内外对该技术研究情况、进程及未来的发展；该技术是否相对稳定，如果不是的话，预估技术未来稳定的时间，提出的标准项目是否可作为未来技术发展的基础； 2. 项目与国际标准（国外先进标准）采用程度的考虑：该标准项目是否有对应的国际标准（国外先进标准），标准制定过程中如何考虑采用的问题； 3. 与国内相关标准间的关系：该标准项目是否有相关的国家或者行业标准，该标准项目与这些标准是什么关系，该标准项目在标准体系中的位置； 4. 指出是否发现有专利的问题		
牵头单位意见	负责人：	（签名、盖公章） 年　月　日	
标准化技术组织评估意见	负责人：	（签名、盖公章） 年　月　日	
初审机构初审意见	负责人：	（签名、盖公章） 年　月　日	

填写说明：

1. 填写制修订项目中，若选择修订必须填写被修订标准编号。
2. 选择采用国际标准（国外先进标准），必须填写采标号及采用程度。
3. 选择采用快速程序，必须填写快速程序代码。
4. 体系编号是指在各行业（领域）技术标准体系建设方案中的体系编号。

（二）项目申报书

（1）强制性国家标准项目申报书见示例3-5。

示例3-5

强制性国家标准

项目申报书

项目名称：_____

提出部门：_____

提出日期：_____

续

一、基本信息			
中文名称			
英文名称			
制定/修订	□制定　　□修订	被修订标准号	
是否采标	□是　　　□否	采标类型	
项目周期	□12个月　　□18个月　　□24个月		
项目提出部门			
其他提出部门			
实施监督管理部门			
组织起草形式	□委托技术委员会 □成立专家组	全国专业标准化 技术委员会名称	

续

二、论证评估报告

（一）制定强制性国家标准的必要性、可行性

【立项必要性包括但不限于：经济社会和产业发展的需求；相关法律法规、政策规划的要求；面临的安全健康和环境风险分析、有关事故案例；标准实施后重大经济、社会、生态效益分析。项目可行性包括但不限于：产业发展情况；有关技术的成熟度和经济性分析；如果实施标准对企业生产经营成本影响较大，应进行综合成本分析；已经具备的研究基础和条件等。】

（二）主要技术要求

【包括范围和主要技术内容、强制的理由等，修订项目应说明拟修订的内容，与原标准相比的主要变化。】

（三）国内相关强制性标准和配套推荐性标准制定情况

【包括国内有关强制性标准情况，与拟制定标准的关系；拟制定标准是否需要配套的推荐性标准，是否已同步开展制定。】

（四）国际标准化组织、其他国家或者地区相关法律法规和标准制定情况

【包括有关国际标准化组织的相关标准情况、主要内容；有关国家或地区技术法规情况、主要内容。拟制定标准拟采用或参照哪些国际国外标准或技术法规。】

（五）强制性国家标准的实施监督管理部门以及对违反强制性国家标准行为进行处理的有关法律、行政法规、部门规章依据

【应列出标准实施监督管理部门的名称，比如应急管理部门、市场监管部门。应逐条列出对违反标准行为进行处理的法律、行政法规、部门规章的名称和相应的处罚条款。】

（六）强制性国家标准所涉及的产品、过程或者服务目录

【应尽可能详细列出所规范的产品、过程或服务的名称或清单。大类产品可通过举例方式进行细化说明。比如家用和类似用途电器包括什么。】

（七）征求国务院有关部门意见的情况

【标准化对象如涉及其他国务院部门，必须征求并提供相关部门的意见。如标准实施监督部门为其他部门，应征求并提供实施监督部门的意见。】

（八）经费预算以及进度安排

【应包括制定标准所需经费总额、国拨补助经费、自筹经费的情况。标准进度一般按照标准制修订程序的各个阶段进行安排。】

（九）需要申报的其他事项

【需要废止或修订其他标准的建议，以及其他需要说明的事项。】

（2）推荐性国家标准项申报书见示例3-6。

示例3-6

推荐性国家标准
项目申报书

项　目　名　称：＿＿＿＿＿＿＿＿＿＿＿＿
技术归口单位：＿＿＿＿＿＿＿＿＿＿＿＿
（或技术委员会）
提　出　日　期：＿＿＿＿＿＿＿＿＿＿＿＿

续

一、基本信息			
中文名称			
英文名称			
标准性质	☐推荐性国家标准　　☐指导性技术文件		
制定/修订	☐制定　　☐修订	被修订标准号	
是否采标	☐是　　☐否	采标类型	
采标号		采标中文名称	
项目周期	☐12个月　　☐16个月　　☐18个月		
上报单位			
技术归口单位（或技术委员会）			
主管部门			

续

二、论证评估报告

（一）制修订推荐性国家标准的必要性、可行性

【立项必要性包括但不限于：经济社会和产业发展的需求；相关法律法规、政策规划的要求；标准实施后重大经济、社会、生态效益分析。项目可行性包括但不限于：产业发展情况；有关技术的成熟度和经济性分析；如果实施标准对企业生产经营成本影响较大，应进行综合成本分析；已经具备的研究基础和条件等。】

（二）主要技术要求

【包括范围和主要技术内容等。修订项目应说明拟修订的内容，与原标准相比的主要变化。】

（三）国内外标准情况、与国际标准一致性程度情况

【包括国内相关标准情况，与拟制定标准的关系，范围包含但不限于相关国家标准、行业标准、地方标准、团体标准和企业标准；有关国际标准化组织、有关国家或地区的相关标准情况、主要内容；拟制定标准拟采用或参照哪些国际国外标准，并对一致性进行描述。】

（四）与相关强制性标准、法律法规配套的情况

【包括国内有关强制性标准、法律法规情况，与拟制定标准的关系。】

（五）标准所涉及的产品、过程或者服务目录

【应尽可能详细列出所规范的产品、过程或服务的名称或清单。大类产品可通过举例方式进行细化说明。比如家用和类似用途电器包括什么。】

（六）可能涉及的相关知识产权情况

【应尽可能列出可能涉及的知识产权情况，包括采用其他标准涉及的版权情况，标准涉及专利情况等。】

（七）征求国务院有关部门或关联TC意见的情况

【标准化对象如涉及国务院有关部门或关联TC，应征求并提供相关部门（TC）的意见。】

（八）经费预算

【应包括制定标准所需经费总额、国拨补助经费、自筹经费的情况。】

（九）项目进度安排

【标准进度一般按照标准制修订程序的各个阶段进行，应制定详细的工作计划，根据制修订周期细化组织起草、征求意见、技术审查等各阶段具体时间安排。】

（十）需要申报的其他事项

【需要废止或修订其他标准的建议，以及其他需要说明的事项。】

（三）标准草案

每个标准都有其要发挥的功能，功能不同其内容也不同，预研阶段，要明确标准化对象以及标准的功能类型，进而确定标准名称、范围以及主要技术内容。申报单位应认真准备标准草案，标准草案应明确提出主要章及各章所规定的主要技术内容。对于修订项目，应在前言中说明拟修订的主要内容。

1. 对象

从宏观来讲，标准化对象是"现实问题或潜在问题"；涉及标准制定的中观层面，标准化对象可以聚焦到"产品、过程或服务"，更进一步可以细化到"原材料、零部件或元器件、制成品、系统、过程或服务"；针对每一项标准的微观层面，其标准化对象就是具体的产品、过程或服务。

2. 名称

通过恰当地选择文件名称中的各元素，能够准确地表达文件的主题、类别和类型，使之与其他标准相区别，标准名称不应涉及不必要的细节，必要的补充说明应在范围中给出。

3. 范围

范围的内容应简洁、完整，使其发挥出标准"内容提要"的作用，其内容通常有两个方面：其一，文件的标准化对象和所覆盖的各个方面，即概括文件的"主要技术内容"；其二，文件中的内容在哪用、给谁用、有什么用，即要界定文件的"适用界限"。范围不应包含要求、指示、推荐和允许型条款，标准化对象界定和标准适用性界定缺一不可。

4. 主要技术内容

起草不同功能类型的标准首先要编写其中的核心技术内容，标准的功能类型不同，核心技术要求就会不同。表3-6所示为各种功能类型标准的核心技术要素。

表3-6 各种功能类型标准的核心技术要素

标准功能类型	核心技术要素
术语标准	术语条目
符号标准	符号/标志及含义

续表

标准功能类型	核心技术要素
分类标准	分类和/或编码
试验标准	试验步骤 试验数据处理
规范标准	要求 证实方法
规程标准	程序确立 程序指示 追溯/证实方法
指南标准	需要考虑的因素

（四）申报行业标准项目的情况说明

申报行业标准项目的情况说明主要包括示例3-7所示内容：

示例3-7

一、总体情况
（一）申报项目总数及行业分布等情况
（二）申报项目领域划分及分布情况（需按行业、分领域对申报项目进行划分）
（三）本次申报的重点专项和基础公益类项目情况
（四）申报项目与产业发展结合的情况
（五）申报项目的总体技术水平及与国际标准（国外先进标准）对比分析的总体情况
二、按行业、分领域阐述申报项目情况
（一）行业/领域1
1. 标准体系的基本情况及申报项目在标准体系中的位置
2. 与其他行业或者领域的关系
3. 对产业发展的支撑作用及解决的主要问题
4. 与国际标准（国外先进标准）的对比分析情况，及采用国际标准（国外先进标准）的情况
5. 涉及国内外专利的情况
6. 与现有标准、制定中标准的协调配套情况
7. 其他需要说明的情况
……
（二）行业/领域2
要求同（一）
三、审查意见
（一）本批申报项目提出的主要过程
（二）跨行业、跨领域的协调情况
（三）对申报项目的审查情况和审查意见

第三节 标准的立项

一、立项阶段的主要工作

立项阶段主要是指专业标准化技术委员会（以下简称"标委会"）对新工作项目提案征集、初评、征求委员意见、上报；标准化主管部门汇总、公示、上报；标准化行政主管部门对新工作项目提案进行汇总、审查、协调、确定，直至下达"国家（行业）标准制修订项目计划"。

二、标准项目立项阶段工作整体流程

对于强制性国家标准项目，国务院标准化主管部门按照规定对其审查后于"全国标准信息公共服务平台"向社会公开征求意见，对于公众提出的意见，国务院标准化主管部门根据需要可以组织专家论证、召开会议进行协调或者反馈项目提出部门予以研究处理。根据审查意见以及协调情况，决定是否立项。决定予以立项的，国务院标准化行政主管部门应当下达项目计划，明确组织起草部门和报送批准发布时限。涉及两个以上国务院有关行政主管部门的，还应当明确牵头组织起草部门。决定不予立项的，国务院标准化行政主管部门应当以书面形式告知项目提出部门不予立项的理由。

推荐性国家标准项目和行业标准项目的立项程序一般包括标委会征集计划、标委会初评、征集委员意见、上报中国轻工业联合会、中国轻工业联合会公示（仅行业标准）、上报主管部门、主管部门初核及评估、答辩、主管部门公示、计划下达（图3-2）。

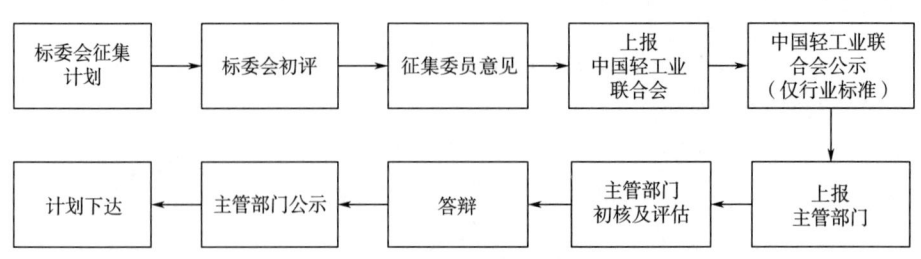

图3-2 立项阶段工作流程

1. 标委会征集计划

标委会定期征集标准制修订项目提案。提交至标委会的每个项目都要有完整的"项目建议书""项目申报书"（适用于国家标准）和"标准草案"，行业标准还要有"申报行业标准项目的情况说明"。

2. 标委会初评

标委会对征集的标准制修订项目提案进行初评，对于初步判定符合立项要求的项目提案征求委员意见。

3. 征集委员意见

对项目提案进行投票评估的工作主要由标委会来完成。标委会将所收到的项目提案提交全体委员审议并表决，参加投票的委员不得少于3/4，参加投票委员2/3以上赞成，且反对意见不超过参加投票委员的1/4，方为通过。标委会根据投票评估的情况，决定是否向标准化主管部门申报。标委会对项目提案进行投票完成后的评估结果分为：

——不采纳该项目提案。标委会投票未通过项目提案的评估，不予申请立项；

——采纳该项目提案。标委会投票通过项目提案的评估，并向标准化主管部门报送提案材料。

标准提案可通过会议（如标委会年会）、邮件、委员工作群、电话等方式征求委员意见，其中国家标准提案还需通过"国家标准制修订工作管理信息系统"投票。

4. 上报中国轻工业联合会

对于委员投票通过的项目，由标委会统一上报中国轻工业联合会质量标准部，并提交如下材料。

（1）国家标准（以下材料为纸质版）：

——申报公文附国家标准项目汇总表；

——项目建议书；

——项目申报书；

——标准草案。

（2）行业标准（以下材料为电子版及纸质版）：

——申报公文附行业标准项目计划建议汇总表；

——项目建议书；

——标准草案；

——申报行业标准项目的情况说明。

国家标准计划和行业标准计划电子文件均应在相应的信息系统中上传。

5. 中国轻工业联合会公示（仅行业标准）

中国轻工业联合会对收到的行业标准项目计划在其网站（http://www.cnlic.org.cn/）上公示。

6. 上报主管部门

对于公示无意见的计划，中国轻工业联合会质量标准部上报至国家标准化管理委员会（国家标准）或工业和信息化部（行业标准）。

7. 主管部门初核及评估

材料初核是对申报材料的齐备性、一致性、完整性、准确性进行审核，以保证进入项目评估环节的材料真实、有效、规范。申报材料初核出现问题且未能有效解决者，不予进行项目评估。评估重点在本节第四部分阐述。

8. 答辩

立项评估主要采取召开专家评估会的形式。对于制定项目由申报单位进行现场答辩或网络视频答辩；对于修订的项目和采标的国家标准，采用专家会议或网络评审方式进行，原则上不进行答辩；行业标准采标项目仍需要进行答辩。

9. 主管部门公示

对拟立项国家标准计划在"全国标准信息公共服务平台"公示，对拟立项行业标准计划在工业和信息化部网站、"工业和信息化标准信息服务平台"上公示。

10. 计划下达

对公示无异议的项目提案，下达标准制修订计划。

三、立项阶段形成的文件

立项阶段形成的文件为国家（行业）标准项目计划。

国家标准项目计划由国家标准化管理委员会下达，并在其网站上公开。

行业标准项目计划由工业和信息化部下达，并在其网站上公开。

四、立项评估重点

（一）常见问题

（1）申报材料缺失　例如，申报公文、项目汇总表、项目建议书、项目申报书、标准草案不齐全。

（2）材料信息不一致　例如，申报公文、项目汇总表与实际申报项目名称不一致等。

（3）项目建议书不完整、不准确　例如，项目建议书中对标准性质、类别、目的、意义等表述不完整或相关信息填写有误。

（4）重复申报项目　例如，申报的项目与现行的国家标准或已下达的计划项目名称、内容雷同；评估不通过的项目未做实质性调整和修改再次申报的。

（5）标准草案不符合编制要求　例如，标准草案格式不符合GB/T 1.1—2020基本要求；标准草案主要内容缺失；标准草案仅列出二级以上标题且无内容；标准草案名称与项目名称不一致等。

（6）投票不符合要求　例如，未提交全体委员表决；参加投票的委员少于3/4；参加投票委员小于2/3赞成；反对意见超过参加投票委员的1/4等。

（二）总体情况的评估要点

（1）标准体系建设情况　项目所在领域标准体系的现状及标准缺失情况、申报项目在标准体系中所处的位置。若所在领域已经有了相关标准，则需要对比申报项目与已有标准的适用范围、指标设置等内容，从而判断申报项目是否与现有标准交叉、冲突。申报单位有无中长期标准化工作发展规划、计划及制修订标准的目标、任务，研判体系表层次结构是否清晰合理、与产业需求是否一致；申报项目总数、领域及项目类型分布。

（2）本领域国际标准转化情况　项目所在领域有无对口国际标准化技术机构、有无国际标准、申报单位是否对国际标准做过分析研究、适合我国国情已转化和拟转化的标准数量以及采标程度等。

（3）国家（行业）标准计划项目执行情况　项目归口的标委会近年来计划执行情况及完成率。

（4）项目实施的保障条件　申报单位在标准编制过程中的技术能力水平、人财物保障情况等。

（5）已开展的其他标准化工作情况　申报单位开展的其他工作情况，如本领域标准的宣贯、标准的实施、标准的咨询与服务等。

（三）制定项目的评估要点

1. 必要性

项目的必要性通常表现为项目制定的紧迫性，应重点了解申报项目拟解决的主要问题以及对政府监管、行业规范、产业发展所起的支撑作用，从而判断项目所在领域对标准的需求程度。

2. 可行性

可行性主要表现在技术可行与经济合理两个方面。技术可行是指当前的技术条件下实现标准化目标的可能性，即申报项目的技术指标是否具备较强的可操作性。经济合理是指申报项目的指标符合我国经济发展的水平，既不能因为指标设置过高导致标准无法实施，也不能因指标水平过低而使标准起不到约束、引领作用。

对项目的可行性评估，需考虑的主要因素有以下几个方面：

（1）主要技术内容与国家相关发展战略规划、行业或产业发展计划是否一致；

（2）所采取的技术是否符合主流技术的发展方向；

（3）当前技术条件下标准实现的难易程度；

（4）是否有类似的技术可替代；

（5）是否存在专利风险；

（6）申报单位在标准起草的全过程中是否具备足够的技术能力和人财物保障。

3. 协调性

协调性是标准化的一个重要原则，也是标准项目立项评估的一个重要因素。协调性有两层含义：一是标准本身各部分之间的协调；二是本标准与法律法规、强制性国家标准、其他推荐性标准等的协调配套。

此外，产品标准还需考虑与相关的基础标准协调一致，主要技术内容与其他相关标准配套。

4. 适用范围

适用范围的关键要素是标准化对象的明确性，评估需要了解的内容：项目所属类型和范围是否在归口单位的标准制修订范围内；项目名称与适用范围、拟定的主要技术内容是否一致等。

5. 项目的预期效果

评估专家应根据不同类型标准的特点，对标准实施后可应用程度及产生的预期效果进行研判。

对标准的应用程度，主要从以下几个方面进行研判：

（1）对产品类标准，要分析标准实施后在相关企业的应用程度，即标准在产品生产、检测、销售等过程中的应用程度；

（2）对管理类标准，要分析标准可能被相关政府部门、行业协会、企业、公众等应用的程度；

（3）对基础方法类标准，要分析相关定义的准确性、被其他标准引用的可能性以及公众的接受程度；

（4）对服务类标准，不仅要分析服务提供者对标准的应用程度，还要兼顾考虑服务的接受者对标准的接受程度。

对标准的实施效果研判，需要重点考虑以下因素：

（1）该项目对解决技术滞后、瓶颈问题可能产生的作用；

（2）该项目对解决经济、贸易发展中有关问题可能产生的作用；

（3）该项目对解决社会管理、公共服务有关问题可能产生的作用；

（4）该标准对标准体系完整性带来的潜在影响等。

（四）修订项目评估要点

对修订项目的评估，除了要考虑上述制定项目的评估重点要求外，修订项目的评估重点内容还应考虑到以下两个方面的要求：

（1）拟修订的主要内容和修订的理由及其合理性；

（2）修订后标准技术指标的变化。

（五）采标项目评估要点

对采标项目的评估，除了要考虑上述制修订项目的评估重点要求外，采标项目的评估重点内容还应考虑到以下情况：

（1）采标的必要性；
（2）拟采用的标准是否为国际标准化机构发布或认可的国际标准；
（3）拟采用的国际标准是否为最新版本；
（4）申报单位是否与拟采用国际标准的技术机构对口；
（5）该项目对标准体系完整性的影响；
（6）拟采用的国际标准是否为我国主导制定的国际标准。

第四节　标准的起草

一、起草阶段的主要工作

起草阶段是指标准计划项目下达后，标委会按标准制修订流程组织科研、生产、使用等方面的主要参加单位成立标准起草工作组，确定工作分工、工作进度，在充分调研的基础上，完成标准草案和编制说明的编写，并经工作组充分讨论，形成标准征求意见稿的过程。

起草阶段主要由组织方、主要起草方、参与起草方合作互动，共同推进，各司其职。

（1）标委会职责　负责组织成立标准起草工作组，明确任务分工，做好协调、督促、记录、归档等工作。成立的标准起草工作组需体现权威性、代表性，包括生产、使用、科研等各有关方面的代表。标准起草工作组的成员应具有较丰富的专业知识和实践经验，熟悉业务，了解标准化工作的相关规定并具有较强的文字和语言表达能力。

（2）第一起草单位职责　负责牵头，按照标准框架、内容要点分配起草任务，执笔编写标准草案征求意见稿。

（3）其他参与起草单位的职责　按照标委会要求，配合第一起草单位完成标准调研、起草等分工内容。具体工作流程如图3-3所示。

标准起草阶段是标准框架的构建阶段，也是标准编制的核心所在，在起草阶段解决的问题越多，后续各阶段工作可能越顺畅，起草阶段有以下基本工作内容。

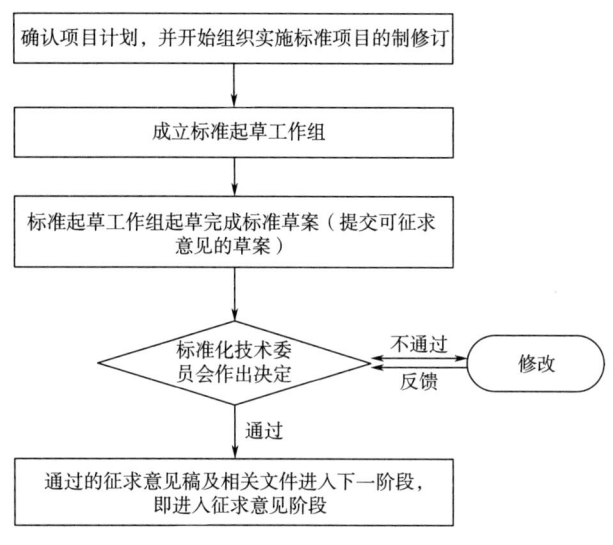

图3-3 起草阶段工作流程

（一）计划确认，任务接收，成立起草组

标委会确认项目计划，接收标准制修订任务，同时成立标准起草工作组。标准起草工作组成立后，拟定工作计划，召开启动会，分解起草工作任务，制定工作计划，内容可包括：标准名称和范围的确定；制定标准的目的、意义及主要工作内容；工作安排及计划进度；工作组内部分工；调研计划及试验验证初步安排；与外单位协作项目和经费预算等。

（二）开展调研，进行资料的收集、整理

工作组应广泛收集与起草标准有关的资料并加以研究、分析。如：国内外相关标准、资料；国内外的生产概况，达到的水平；生产企业的生产经验、存在的问题及解决的方法；相关的科研成果、专利；国内外产品样品、样机的有关数据对比及说明书等。对标准中存在的关键问题或难点问题，可选择具有代表性、典型性调查对象进行有针对性的调查研究。如深入生产实际，摸清现实生产情况或走访相关单位（科研机构、院校、生产企业和用户），广泛征求意见等。

（三）安排试验验证项目

对需要进行试验验证才能确定的技术内容或指标，选择有条件的单位进行试验验证，

并提出试验验证报告和结论。试验验证前,先拟定试验大纲,确定试验目的、要求、试验对象,试样制备、试验方法,试验中使用的仪器、设备、工具以及应注意的事项等,以确保试验验证的可靠性和准确性。

(四)召开专题工作会(多次)

解决起草标准工作中涉及的各类问题,形成标准草案征求意见稿及其编制说明,归档标准草案及起草所产生的工作文档。

二、所形成的文件

(一)标准征求意见稿

主编单位应通过讨论会等形式对草案达成一致意见。标准草案应按照GB/T 1《标准化工作导则》、GB/T 20000《标准化工作指南》、GB/T 20001《标准编写规则》系列标准的规定及相关要求编写,尤其应注意:

——标准内容与名称的一致性;
——编写的标准化对象及涵盖范围应与下达的标准名称相适应,且范围明确;
——内容完整;
——结构合理,逻辑一致;
——指标数据应有试验依据;
——草案经标准起草工作组达成一致意见后,即转化为征求意见稿,连同编制说明一起发送到有关单位征求意见。

(二)编制说明(征求意见稿)

在编写标准征求意见稿的同时,还应完成标准编制说明及有关附件的编写工作。

1. 强制性国家标准编制说明的主要内容

(1)工作简况,包括任务来源、起草人员及其所在单位、起草过程等;
(2)编制原则、强制性国家标准主要技术要求的依据(包括验证报告、统计数据等)及理由;

（3）与有关法律、行政法规和其他强制性标准的关系，配套推荐性标准的制定情况；

（4）与国际标准化组织、其他国家或者地区有关法律法规和标准的比对分析；

（5）重大分歧意见的处理过程、处理意见及其依据；

（6）对强制性国家标准自发布日期至实施日期之间的过渡期（以下简称"过渡期"）的建议及理由，包括实施强制性国家标准所需要的技术改造、成本投入、老旧产品退出市场时间等；

（7）与实施强制性国家标准有关的政策措施，包括实施监督管理部门以及对违反强制性国家标准的行为进行处理的有关法律、行政法规、部门规章依据等；

（8）是否需要对外通报的建议及理由；

（9）废止现行有关标准的建议；

（10）涉及专利的有关说明；

（11）强制性国家标准所涉及的产品、过程或者服务目录；

（12）其他应当予以说明的事项。

2. 推荐性国家标准编制说明的主要内容

（1）工作简况，包括任务来源、制定背景、起草过程等；

（2）国家标准编制原则、主要内容及其确定依据，修订国家标准时，还包括修订前后技术内容的对比；

（3）试验验证的分析、综述报告，技术经济论证，预期的经济效益、社会效益和生态效益；

（4）与国际、国外同类标准技术内容的对比情况，或者与测试的国外样品、样机的有关数据对比情况；

（5）以国际标准为基础的起草情况，以及是否合规引用或者采用国际、国外标准，并说明未采用国际标准的原因；

（6）与有关法律、行政法规及相关标准的关系；

（7）重大分歧意见的处理经过和依据；

（8）涉及专利的有关说明；

（9）实施国家标准的要求，以及组织措施、技术措施、过渡期和实施日期的建议等措施建议；

（10）其他应当说明的事项。

3. 行业标准编制说明的主要内容

（1）"工作简况" 包括任务来源、主要工作过程、主要参加单位和工作组成员及其所做的工作等。

（2）"标准编制原则和主要内容" 包括本标准编制的原则、本标准主要内容（如技术指标、参数、公式、性能要求、试验方法、检验规则等）的论据、解决的主要问题，修订时应列出本标准与原标准的主要差异和水平对比。

（3）"主要试验（或验证）情况" 本标准编制过程中主要试验或主要验证情况的分析。

（4）"标准中涉及专利的情况" 要明确说明本标准中有无涉及专利。对于涉及专利的标准项目，应提供全部专利所有权人的专利许可声明和专利披露声明。

（5）"预期达到的社会效益、对产业发展的作用等情况" 本标准批准发布后，经宣贯、实施，预期能产生的社会效益情况，以及对产业发展（如技术进步、结构调整、规范市场等方面）的作用。

（6）"与国际、国外对比情况" 本标准在制定或修订过程中，采用国际标准和国外先进标准情况；与国际、国外同类标准水平的对比情况；国内外关键指标对比分析或与测试的国外样品、样机的相关数据对比情况。

（7）"在标准体系中的位置，与现行相关法律、法规、规章及相关标准，特别是强制性标准的协调性" 简要说明本标准在本专业领域标准体系中位于哪个层次，以及与法律、法规、其他标准的协调性。

（8）"重大分歧意见的处理经过和依据" 主要适用于对矛盾、分歧较大的意见，处理结果与处理依据的说明。

（9）"标准性质的建议说明" 建议本标准的性质为推荐性行业标准。

（10）"贯彻标准的要求和措施建议" 包括组织措施、技术措施、过渡办法、实施日期等。

（11）"废止现行相关标准的建议" 修订标准时说明新旧标准的替代关系。

（12）"其他应予说明的事项" 用于陈述本标准编制阶段与原计划有差异的原因、阶段和审议结果。如果在起草阶段已经发生标准名称的变更、主要起草单位变更或更名、项目延期、采标程度变化、归口单位变更等均要在此处说明变更的原因、时间以及内容。

4. 编制说明的编写原则与要求

（1）内容均应包含制修订对应阶段及其之前的全过程；

（2）内容不删除（漏项）、不合并，要求保留每项标题并一一对应描述。

第五节 标准的征求意见

一、征求意见阶段的主要工作

征求意见阶段是指在"标准征求意见稿"编制完成后，对"标准征求意见稿"广泛征求意见，并对征集的意见进行汇总和相应处理，按处理结果修改"标准征求意见稿"的过程。征求意见阶段是标准制修订过程中重要的环节之一，要特别注意"面向社会广泛征求各利益方的意见"。具体工作流程见图3-4。

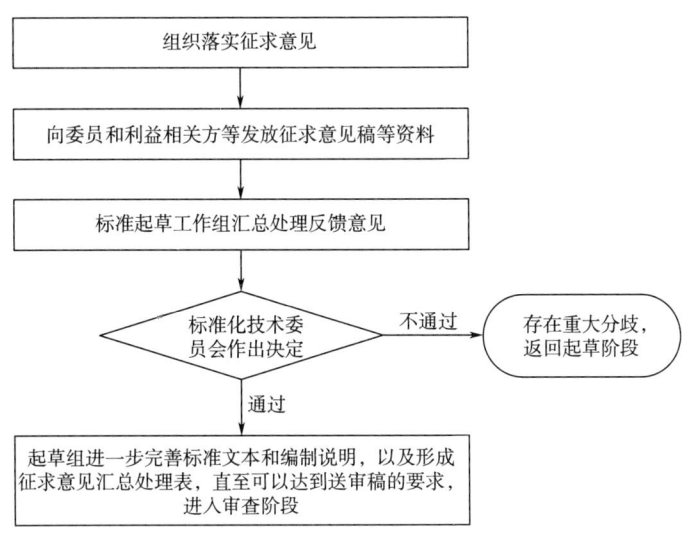

图3-4　征求意见阶段工作流程

二、征求意见阶段的程序性要求

（1）"标准征求意见稿"形成后，由标准起草工作组组长审核，经标准化技术委员会[或本项目所涉及的标准化技术委员会分技术委员会（以下简称"分委会"）]同意，通过以下渠道和方式进行广泛征求意见，一般由技术委员会或分技术委员会秘书处组织开展：

①将征求意见稿、征求意见稿编制说明以及征求意见表格通过"发函"或"会议召

集"方式送达委员和相关利益方(包括制造商、消费者、经销商、检测机构、科研机构等单位)征求意见。除委员外,原则上以"单位"为征求意见对象。

②对于重要标准、技术领先或新领域的标准的制定,或者科研项目中同时产生的标准,可以采取会议形式,通过面对面的讨论,意见容易获得统一,效率高。值得注意的是,"会议召集"即采取全体委员扩大会议形式(除全体委员外,包括有关专家、相关利益方代表等),除此以外的其他规模的会议形式,只算做"研讨",并按"其他途径"计数征求意见。

③将征求意见稿、征求意见稿编制说明以及征求意见表格发布在网站(可选择本专业、上级机构、相关专业等网站)上征求意见。

④将征求意见稿、征求意见稿编制说明以及征求意见表格刊登在公开刊物(可选择本专业、上级机构、相关专业等刊物)上征求意见。

⑤其他途径,可根据具体情况在常规征求意见方式的基础上,采取其他方式征求意见,扩大征求范围,如:

——微信推送形式,向委员微信群、微信朋友圈里推送征求意见材料;

——电子邮件形式,向委员以及利益相关方发送电子邮件;

——研讨、走访、来人或来电等方式获取意见。

(2)征求意见渠道和方式的确定基本原则是①项必选,同时②③项任选其一或全选。④项不是必要选项,国家(行业)标准征求意见表见示例3-8。

示例3-8

国家(行业)标准征求意见表			
标准项目名称:		承办人:	
标准项目负责起草单位:		联系方式:	
序号	标准章条编号	意见内容	理由或依据
填表人: 意见提出单位: 联系方式:			

（3）征求意见时，"实际发函数"应超过标准化技术委员会（或本项目所涉及的分委会）全体委员的总数。

（4）国家标准公开征求意见期限一般不少于60日，行业标准公开征求意见期限一般不少于30日。逾期未反馈意见的，按无异议处理。

（5）标准起草工作组在对反馈意见做出认真处理和协调的基础上，对"标准征求意见稿"进行修改，如技术内容有较大改变时，应再次广泛征求意见。

（6）征求意见阶段重点是对技术内容的修改，包括标准化对象、主要技术指标等，在提出意见时，应有说明或论据，同时可提出修改建议。标准草案中的关键技术内容尽量在征求意见阶段解决或提出方案。对于熟悉和掌握GB/T 1.1的人，在征求意见阶段可对不规范的编写提出修改意见，这对于提升标准质量，减少后期报批环节的修改工作量，缩短标准制修订周期也很重要。

（7）对于不采用国际标准或者与有关国际标准技术要求不一致，并且对世界贸易组织（WTO）其他成员的贸易有重大影响的强制性国家标准，组织起草部门应当按照要求将强制性国家标准征求意见稿和中英文通报表送国务院标准化行政主管部门。国务院标准化行政主管部门应当按照世界贸易组织（WTO）的要求对外通报，并将收到的意见反馈组织起草部门。制定中的强制性国家标准有关技术要求发生重大变化的，应当再次向社会公开征求意见。需要对外通报的，还应当再次对外通报。通报时需要填写中英文通报单。

三、所形成的文件

（一）标准送审稿

由标准负责起草单位在标准起草工作组内认真分析处理征求意见阶段收集的修改意见、建议基础上，对"标准征求意见稿"进行修改、补充、完善后，形成标准送审稿。

标准送审稿确定后，标准文本的技术内容应已确定，不宜再做大的调整。标准格式体例应按照GB/T 1.1要求，进行规范性编写检查。标准其他内容，如前言、起草单位、起草人等尽可能完整。

（二）编制说明（送审稿）

在编制说明（征求意见稿）基础上补充征求意见阶段的工作说明（主要从征求意见方式、征求意见范围、征求意见时间、意见处理情况描述），并根据意见采纳情况，补充、修改相应技术内容的说明，如果涉及标准名称、起草单位、采标程度、延期完成等与立项发生变化的情况，应在编制说明中列明原因，提出计划项目调整申请。

（三）标准征求意见汇总处理表

（1）《标准征求意见汇总处理表》的格式（包括表题、表头之上的内容、表头、栏目、表格之下的内容等）必须符合规定格式要求，不得进行增减栏目等变更。

（2）所有内容均应填写完整、准确，不得出现空栏和空项。

（3）表头填写应符合下列要求：

①多页时，每页均应有表头之上的内容，除"第×页"外，其他内容应与第1页的内容一致；

②如果在形成"标准征求意见稿"之前的起草阶段，有"标准项目名称"或"牵头单位"变更情况，按变更后的名称和单位填写，并与"标准征求意见稿"一致（相关材料中必须说明）。在"起草阶段"没有变更的情况下，《标准征求意见汇总处理表》的"标准项目名称"和"牵头单位"必须与计划一致；

③"承办人"的电话必须包含区号或为手机号；

④"填表日期"应符合"征求意见之后、形成送审稿之前"的时间节点，并写全4位年份。

（4）正表中内容填写应符合下列要求：

①"提出（意见）单位"中不得出现起草单位。如确有该单位非工作组成员提出意见，在"提出单位"栏中写其本人姓名；

②意见的排列顺序按"标准征求意见稿"的章、条递增顺序排序，不得按"提出单位"、采纳方式等其他方式排序；

③所有建议必须都有处理意见，填写"采纳""部分采纳"或"不采纳"。除"采纳"结论外，必须说明"部分采纳"或"不采纳"的理由（原因），对于一时难以确定或者分歧较大、需要上会讨论的，可以注明类似"上会讨论"等。

④如果在征求意见阶段出现标准名称或起草单位变更的情况，那么表中必须有某一个或几个单位提出此意见并采纳，才符合程序要求。相应的，此后的"送审稿"标准名称或

起草单位应该是变更后的标准名称或起草单位。

（5）《国家标准征求意见汇总处理表》如示例3-9所示，《行业标准征求意见汇总处理表》如示例3-10所示。注意：《行业标准征求意见汇总处理表》后不加"说明"的内容。

示例3-9

<table>
<tr><td colspan="6" align="center">国家标准征求意见汇总处理表</td></tr>
<tr><td colspan="4">标准项目名称：××××（与征求意见稿名称一致）</td><td colspan="2">共×页 第×页</td></tr>
<tr><td colspan="4">牵头单位： 　　　承办人：×× 　　电　话：（含区号）</td><td colspan="2">20××年×月×日填写</td></tr>
<tr><td>序号</td><td>标准章条编号</td><td>意见内容</td><td>提出单位</td><td>处理意见及理由</td><td>备注</td></tr>
<tr><td>×</td><td>按标准文本的章、条顺序递增排序</td><td></td><td>不能出现标准起草单位。
起草工作组以外的起草单位人员均应以个人身份提出意见，此栏写其本人姓名；委员应写委员单位，当有两个相同单位委员时，可以写委员姓名</td><td>——"采纳"
采纳的意见只写"采纳"二字即可。
——"不采纳"或"部分采纳"
不采纳或"部分采纳"中不采纳的意见一定要写明原因</td><td>需要上会讨论的，可以在备注中说明</td></tr>
<tr><td></td><td></td><td></td><td></td><td></td><td></td></tr>
<tr><td colspan="6">说明：
①发送"征求意见稿"的单位数：××个。
（发送单位数＝实际发函数＋网站或刊物回函数＋其他途径回函数）
②收到"征求意见稿"后，回函的单位数：××个。（各类途径的全部回函数）
③收到"征求意见稿"后，回函并有建议或意见的单位数：××个。（与表中"提出单位"数一致）
④没有回函的单位数：××个。（没有回函单位数＝发送单位数－回函单位数，即④＝①－②）</td></tr>
</table>

示例3-10

行业标准征求意见汇总处理表

标准项目名称：××××（与征求意见稿名称一致） 共×页 第×页
牵头单位：（如无变更，与计划起草单位一致） 承办人：×× 电　话：（含区号）
20××年×月×日填写

序号	标准章条编号	意见内容	提出单位	处理意见及理由
1	名称	建议名称修改为《××× ××××××》	×××××1	采纳
2	前言	×××××××××× ××××××××××	××××2	采纳
3	4.1	×××××××××× ×××××××××	××××3	不采纳 ××××××××（原因）
4	4.1.1	×××××××××× ×××××××××	××××4	部分采纳 采纳×××××× 因为×××不采纳（原因）
……	……	……	……	……

第六节　标准的审查

一、审查阶段的主要工作

"标准送审稿"由标准起草工作组组长审阅后，提请标委会或经标委会同意的本项目所涉及的分委会组织审查。未成立标准化技术委员会的，应当成立专家组承担相关标准送审稿的技术审查工作。标准化技术委员会或专家组成员的组成应当具有广泛代表性。标准审查组织单位都应将审查的意见及时反馈给标准起草工作组。标准起草工作组根据收集到的各种意见对标准送审稿进行修改，在此基础上形成标准报批稿。

关于强制性标准送审稿的审查，《中华人民共和国标准化法》第十条明确规定："国务院有关行政主管部门负责强制性国家标准的项目提出、组织起草、征求意见和技术审查。"由国务院有关行政主管部门依据职责负责强制性国家标准的技术审查。鉴于强制性标准制定可能是一项技术性很强的工作，国务院有关行政主管部门可以委托技术委员会承担强制性标准的技术审查工作。

二、会议审查

（一）会议审查过程的原则与程序性要求

（1）标准化技术委员会秘书处应在会议审查前，将会议通知、标准送审稿、编制说明（送审稿）、标准征求意见汇总处理表等材料提交给全体与会委员或专家。

（2）由标准起草工作组向与会委员或专家报告标准编制过程、重点审查和讨论的问题以及其他需要说明的问题。对于征求意见汇总处理表中未采纳意见的理由、关键技术指标来源和依据、征求意见过程中争议较大的问题应重点汇报。对标准作出结论性意见，通过会议纪要。对于征求意见阶段写明"上会讨论"的问题，要给出结论。

（3）会议审查原则上应协商一致。委员审查时，如需表决，参加投票的委员不得少于委员总数的3/4，赞成意见占参加投票委员的2/3以上且反对意见不超过参加投票委员的1/4，方为通过。各类文件未规定"标准审查的回避原则"，所有委员（包括身为标准起草人的委员）均有表决权。专家审查时，应组织包括生产者、经营者、使用者、消费者、公共利益方等相关方的代表进行审查，专家人数不应少于15人，起草人所在单位成员应当回避。参加投票专家2/3以上赞成且反对意见不超过1/4的，方为技术审查通过。

（4）会议审查时应形成会议纪要，并附参加审查委员或专家名单、标准审查会议审查结论。

（二）所形成的文件

1. 标准报批稿

标准起草工作组按照标准审查结论提出的意见修改送审稿，然后由专人或秘书处负责按照GB/T 1.1完成规范性编写复核，最终形成上报的"标准报批稿"。该报批稿应内容完整、信息齐全、格式规范。例如，标准文本不应存在不确定的内容、空条款或者修订状态、带批注等;前言中起草单位、起草人应齐全;文本格式体例应符合GB/T 1.1的要求。

2. 编制说明(报批稿)

标准起草工作组在编制说明(送审稿)的基础上,补充标准审查阶段的投票情况以及对修改意见的处理。按照编制说明要求对应该具有的内容进行核对。

3. 会议纪要

(1)会议纪要应在标准审查会上完成,并经全体委员或专家审议通过。内容应简要齐全,包括会议时间、会议地点、委员或专家出席情况、会议议程、审议情况、审查结论等。

(2)若有"标准名称"或"主要起草单位"变更情况,"会议纪要"中要对变更情况进行说明,变更结论不在"会议纪要"中描述,应写在"审查结论"中。

(3)《会议纪要》必须加盖组织审查的标委会或归口单位业务章。

4. 标准审查会审查结论、标准会审意见、参加审查的代表名单的相关要求

国家标准和行业标准在此阶段表格形式不同,基本内容一致。强制性国家标准审查会审查结论示例见示例3-11,参加标准审查会委员名单示例见示例3-12,行业标准审查会审查结论示例见示例3-13,行业标准会审意见汇总处理表示例见示例3-14,行业标准参加审查的代表名单示例见示例3-15。

示例3-11

强制性国家标准审查会审查结论				
标准项目名称		计划编号		
牵头单位		组织审查机构		
会议时间		会议地点		
审查结论:				
填表人:				填表时间:

示例3-12

参加标准审查会委员名单			
序号	姓　名	标委会职务	签　名
1			
2			
3			
4			
5			
6			
……			

说明：本标准化技术委员会共有委员××人，参加会议委员××人（含持委托书的委员代表）。

示例3-13

行业标准审查会审查结论			
标准名称	××××××××	计划编号	20××-××××T-QB
起草单位	××××××公司	组织审查机构	全国×××标准化技术委员会
会议时间	20××年××月××日~××日	会议地点	×××（或腾讯会议）

审查结论：
（1）此处需说明委员情况，包括委员总数、实际到会数、委托情况等，人数必须与"会议纪要""参加审查的委员名单"一致。如果有专家或者其他代表时，可在会议纪要和编制说明中说明，不要写在此处。
〖模式写法〗：

> 出席审查会的委员××名（委员代表××名），占全体委员××名的××%（比例超过3/4），符合程序要求。

（2）此处需说明标准编制原则和主要内容，解决的主要问题。修订标准时应列出与原标准的主要差异和水平对比。
（3）此处需说明主要试验（或验证）情况分析。
说明：基础标准不涉及此项内容，写清楚原因即可。
如：本标准是属于术语标准，不需要进行试验或验证。
（4）此处需说明标准中涉及专利情况。
说明1：不涉及专利时此处按模式写法：
〖模式写法〗：

> 本标准中不涉及专利问题。

说明2：涉及专利时，此处应说清楚存在哪些技术内容、条款涉及什么专利，并应明确已写专利许可声明和专利披露声明。

续

（5）此处需说明预期达到的社会效益，对产业发展的作用等情况。

（6）此处需说明采用国际标准和国外先进标准情况，与国际、国外同类标准水平的对比情况，国内外关键指标对比分析或与测试的国外样品、样机的相关数据对比情况。

（7）此处需说明与现行相关法律、法规、规章及相关标准，特别是强制性标准的协调性。

（8）此处需说明重大分歧意见的处理经过和依据。如无重大意见分歧可按如下模式写法。

〖模式写法〗：

> 本标准在制定（或修订）过程中无重大分歧意见。

（9）此处需说明标准性质的建议说明。

〖模式写法〗：

> 建议本标准以推荐性行业标准发布实施。

（10）此处需说明贯彻标准的要求和措施建议。

（11）此处需说明废止现行相关标准的建议。

〖模式写法〗：

> 本标准发布实施后，代替QB/T××××－××××。

（12）此处需说明其他应予说明的事项，包括标准名称、主要起草单位等变更情况。

（13）此处需说明审查结论，以及审查会上提出的意见建议，审查结论建议按照如下模式写法。

〖模式写法〗1套：

> 全体委员认真审阅了标准文本，提出了合理的修改建议（详见《行业标准会审修改内容及意见处理汇总表》），经过全体委员认真讨论，全部予以采纳，本标准审查结论为一致通过。

〖模式写法〗2套：

> 全体委员认真审阅了标准文本，提出了如下修改建议：
> ①
> ②
> 经过全体委员认真讨论，以上建议全部予以采纳。
> 针对××××问题本次会议进行了投票表决，投票委员（含委员代表）占全体委员××的××％，其中××赞成，××反对，××弃权，赞成人数占投票委员的××％，反对人数占投票委员的××％，比例符合规定，表决有效。
> 本标准审查结论为表决通过。

填表人：×××　　　　　　　　　　　　　　填表时间：20××年××月××日

示例3-14

行业标准会审意见汇总处理表（审查结论附表）				
标准项目名称：				共 页 第 页
牵头单位：		承办人：	电话：	年 月 日 填写
序号		标准章条编号	意见内容	处理结果
1				采纳
2				采纳
填表人：×××				填表时间：20××年××月××日

示例3-15

行业标准参加审查的代表名单				
序号	单位	职称	标准化技术委员会职务或者专家职务	签名
1			主任委员	×××
2			副主任委员	×××
3			副主任委员	×××
4			委员兼秘书长	×××
5			委员	×××
6			委员	×××
			以下略	

说明：本标准化技术委员会共有委员××人，参加会议委员××人（本行说明仅标准化技术委员会填写）。

三、函审（行业标准）

（一）函审过程的原则与程序性要求

（1）函审时，函审组织者应将函审通知、标准送审稿、编制说明（送审稿）、《行业标准征求意见汇总处理表》及《行业标准送审稿函审单》（以下简称《函审单》）等函审文件（由标准起草工作组提供），提交给全体委员或专家。

（2）发送《函审单》时，应明确开始日期和截止日期，函审投票时间至少为30日。

（3）标准化技术委员会立项的项目，《函审单》应发至全体委员或专家，回函数不得少于委员总数的3/4，赞成意见占回函委员的2/3以上且不赞成意见不超过回函委员的1/4，方为通过。专家函审时，《函审单》应发至包括生产者、经营者、使用者、消费者、公共利益方等相关方的专家，"函审单总数"应不少于15人（通过要求同委员函审）。

（4）标准化技术委员会秘书处应组织工作组对函审的意见进行归纳整理，填写《标准送审稿函审结论表》及《函审意见汇总处理表》，并附全部函审单。

（5）对函审中意见分歧较大、难以协调一致的，标准起草工作组应对"标准送审稿"进行必要的修改，由标准化技术委员会再次组织函审，或改为会审。

（6）按照《国家标准管理办法》，国家标准技术审查应当采用会议形式（不采用函审形式）。

（二）所形成的文件

1. 标准报批稿和编制说明（报批稿）

与会议审查时形成的文件要求一致。

2.《行业标准送审稿函审单》的填写要求

（1）《函审单》（《行业标准送审稿函审单》见示例3-16）在发送至全体委员或专家前，应由组织审查的标委会秘书处或归口单位填写完整、正确，包括"标准项目名称""起草单位""函审单总数""发出日期""投票截止日期""标准化技术组织承办人"和"电话"。

（2）《函审单》的"标准项目名称"和"起草单位"，与送审稿内容一致。

（3）标准化技术委员会立项的项目，《函审单》应发至全体委员，"函审单总数"应与标准化技术委员会全体委员数一致。

示例3-16

行业标准送审稿函审单

标准项目名称：
起草单位：
函审单总数：
发出日期：　　　　　　　　年　月　日
投票截止日期：　　　　　　年　月　日

表决态度：

　　赞　成　　　　　　　　　　　　　　　　　　　　　　　　□

　　赞　成，有建议或者意见　　　　　　　　　　　　　　　　□

　　不赞成，如采纳建议或者意见改为赞成　　　　　　　　　　□

　　弃权　　　　　　　　　　　　　　　　　　　　　　　　　□

　　不赞成　　　　　　　　　　　　　　　　　　　　　　　　□

建议或者意见和理由如下：

　　标准化技术委员会委员/专家（签名）　　　　　　　　单位（盖公章）

　　　　　　年　月　日　　　　　　　　　　　　　　　　年　月　日

说明：
①表决方式是在选定的方框内划"√"，只可划一个，选划两个框及以上者按废票处理（废票不计数）。
②回函说明提不出意见的单位按赞成票计；没有回函说明理由的，按弃权票计。
③有标准化技术委员会的，委员签名即可；没有标准化技术委员会的，审查专家签名并由其所在单位盖公章。
④回函日期，以邮戳为准。
⑤建议或者意见和理由栏，幅面不够可另附纸。

标准化技术组织承办人：　　　　　　　　　　　　　　电话：

3.《标准送审稿函审结论表》的填写要求

（1）《标准送审稿函审结论表》格式不要改动，内容要填全。

（2）《标准送审稿函审结论表》的"标准项目名称"和"起草单位"，与送审稿内容一致。

（3）"标准化技术组织""发出日期""投票截止日期""函审单总数"应与《函审单》相应内容一致。

（4）"回函情况"中各项目数字要正确，并应与《函审单》实际情况相符。

（5）"函审结论"宜简单、明了，《函审单》提出的意见应在函审结论中写出，如意见较多，可附表《行业标准函审意见汇总处理表》填写，按如下模式写法。

说明1：没有计划变更情况的一般模式写法：

〖模式写法〗1套：

> ××××× 标准化技术委员会于×××× 年×× 月×× 日~×× 月×× 日对《××× ××××××》行业标准的制修订工作程序和主要技术内容进行了函审。
> 　　本委员会共有委员×× 人，发出《函审单》×× 份，收到回函×× 份。本标准的回函数占委员会委员的×× ％（比例超过3/4），函审意见无重大分歧，采纳如下意见并经修改后，赞成数占回函数的×× ％，不赞成数占回函数的×× ％，比例符合规定。本次函审符合法定程序，本标准通过审查。
> 　　采纳意见如下：
> 　　1.
> 　　2.

〖模式写法〗2套：

> ××××× 标准化技术委员会于×××× 年×× 月×× 日~×× 月×× 日对《××××× ×××××》行业标准的制修订工作程序和主要技术内容进行了函审。
> 　　本委员会共有委员×× 人，发出《函审单》×× 份，收到回函×× 份。本标准的回函数占委员会委员的×× ％（比例超过3/4），函审意见无重大分歧，采纳相关意见（详见《行业标准函审意见汇总处理表》）并经修改后，赞成数占回函数的×× ％，不赞成数占回函数的×× ％，比例符合规定。本次函审符合法定程序，本标准通过审查。

说明2：有变更情况时，在上述模式后加写一段。

本标准的标准名称（或起草单位）变更情况经全体委员审查通过。

〖模式写法〗：

> ××××× 标准化技术委员会于×××× 年×× 月×× 日~×× 月×× 日对《×××× ××××××》行业标准的制修订工作程序和主要技术内容进行了函审。
> 　　本委员会共有委员×× 人，发出《函审单》×× 份，收到回函×× 份。本标准的回函数占委员会委员的×× ％（比例超过3/4），函审意见无重大分歧，采纳相关意见（详见《行业标准函审意见汇总处理表》）并经修改后，赞成数占回函数的×× ％，不赞成数占回函数的×× ％，比例符合规定。本次函审符合法定程序，本标准通过审查。
> 　　本标准的标准名称（或起草单位）变更情况经全体委员审查通过。

（6）"标准化技术组织负责人"栏由标准化技术委员会主任委员或受其委托的副主任委员（专家函审由归口单位相关负责人）签字，填写日期，并盖公章。

（7）表下"承办人""电话"也要填写完全（含区号）。

（8）各类文件未规定"标准审查的回避原则"，所有委员（包括身为起草人的委员）均有表决权，其意见均应填写在《标准函审意见汇总处理表》中。

《行业标准送审稿函审结论表》见示例3-17。《行业标准函审意见汇总处理表》格式见示例3-18，"提出委员"栏填写函审委员姓名。

示例3-17

行业标准送审稿函审结论表			
标准项目名称		计划编号	
起草单位		标准化技术组织	
函审时间	发出日期	年 月 日	
	投票截止日期	年 月 日	
回函情况： 函审单总数： 赞成：共　　　　个 赞成，但有建议或者意见：共　　　　个 不赞成，如采纳建议或者意见改为赞成：共　　　　个 弃权：共　　　　个 不赞成：共　　　　个			
函审结论：			
标准化技术组织： 　　　　　　　　　　　　　　负责人：　　　　　（签名、盖公章） 　　　　　　　　　　　　　　　　　　　　　　　年 月 日			

示例3-18

行业标准函审意见汇总处理表

标准项目名称：　　　　　　　　　　　　　　　　　　共　页　第　页

起草单位：　　　　　　　承办人：　　　　　　　　　　年　月　日　填写

　　　　　　　　　　　　　　　　　　　　　　　　　　　　　电　话：

序号	标准章条编号	意见内容	提出委员	处理意见及理由

第七节 标准的报批

"报批阶段"是指标准送审稿通过技术审查后，由标准起草工作组修改形成报批材料，经标准化技术委员会秘书处审核、中国轻工业联合会组织审核后报国家标准化管理委员会（国家标准）或工业和信息化部（行业标准）审批的过程。

一、国家标准的报批

（一）报批阶段的程序性要求

（1）国家标准报批包括纸质材料和电子材料两种形式，且要求在上报纸质材料的同时，同步在全国标准信息公共服务平台上传电子材料，并录入标准的基本信息，纸电信息须保持一致。标准报批材料审核以电子材料为主，纸质报批材料作为国家标准档案存档。

国家标准技术审评中心按照上述要求接收材料,对报批材料的齐全性、准确性以及报批标准信息的完整性进行审查。满足报批要求,则进入技术审核环节;不符合报批要求的,则退回上报单位完善后重新上报。

(2)强制性国家标准报批文件及份数要求见表3-7,其中《强制性国家标准项目汇总表》见表3-8,《××项强制性国家标准来源、技术归口单位、主要起草单位等一览表》见表3-9,《国家标准申报单》见表3-10,《推荐性国家标准报批文件及份数》见表3-11。

(3)《国家标准报送材料清单》按表3-12格式准备。

表3-7 强制性国家标准报批文件及份数

序号	报批文件名称	份数
1	《报送函》(主件) 附件1:《强制性国家标准项目汇总表》 附件2:《××项强制性国家标准计划来源、技术归口单位、主要起草单位等一览表》 附件3:《报批项目的情况说明》	2
2	《国家标准申报单》	2
3	《强制性国家标准报批稿》	2
4	《强制性国家标准编制说明》(报批稿)	2
5	《强制性国家标准征求意见汇总处理表》	2
6	《强制性国家标准审查会议纪要》(主件) 附件1:《国家标准审查表》(含审查意见和结论) 附件2:《审查人员名单》	2
7	《采用国际标准或国外先进标准的原文和译文》(采标时)	各2
8	出版用标准制图或照片(必要时)	1
9	《强制性国家标准送审稿及编制说明》(仅电子版)	—
10	《计划调整》(必要时)	2
注:1.主件材料、标准申报单均需盖章; 2.所有报批文件必须同时提交电子版; 3.《计划调整》请单独用文件说明。		

表3-8　强制性国家标准项目汇总表

序号	项目名称	制定（修订）	代替标准号	主管部门	技术归口单位	起草单位	备注
1				工业和信息化部			

表3-9　××项强制性国家标准来源、技术归口单位、主要起草单位等一览表

序号	项目名称	标准类别	标准性质	制定（修订）	完成年限	技术归口单位	主要起草单位	采标情况	代替标准号	是否重点	国标委计划项目编号

表3-10　国家标准申报单

国家标准名称		计划项目编号	
		国家标准分类号	
国家标准性质	（1）强制性国家标准　　　　　　　　（2）推荐性国家标准		
国家标准类别	（1）基础　　　　（2）安全卫生　　　（3）环境保护 （4）工程建设　　（5）产品　　　　　（6）方法 （7）管理技术　　（8）其他		
采用国际标准或国外先进标准的程度	（1）等同采用　　（2）修改采用　　　（3）非等效 被采用的标准号：		
国家标准水平分析	（1）国际先进水平　　　　　　　　　（2）国际一般水平 （3）国内先进水平		
与测试的国外样品、样机有关数据的对比（产品国家标准填写）			
国家标准提出部门	（盖公章）	国家标准组织审查单位（盖公章）	国家标准负责起草单位（盖公章）
承办人		电话	填报日期

填写说明：
①计划项目编号请填写该国家标准列入国家市场监督管理总局的国家标准制定计划中的项目编号。
②表中第2、3、4、5行，请在选定的内容上划"√"的符号。

表3-11 推荐性国家标准报批文件及份数

序号	报批文件名称	份数
1	《报送函》(主件)	1
2	《国家标准报送材料清单》	1
3	《国家标准申报单》	1
4	《推荐性国家标准报批稿》	2
5	《推荐性国家标准编制说明》(报批稿)	1
6	《推荐性国家标准征求意见汇总处理表》	1
7	《推荐性国家标准审查会议纪要》(含审查意见和结论)(主件) 附件:《参加会议人员名单》	1
8	《采用国际标准或国外先进标准的原文和译文》(采标时)	各1
9	《涉及专利标准相关材料》(必要时)	1
10	《计划调整》(必要时)	1
注:1.主件材料需盖标准化技术委员会公章。 2.《计划调整》请单独说明。		

表3-12 国家标准报送材料清单

计划项目号			
报批国家标准名称			
序号	报批文件	份数	备注
1	《报送函》	1	
2	《国家标准申报单》	1	
3	《国家标准报批稿》	2	
4	《国家标准编制说明》	1	
5	《审查会议纪要》 (附参加会议人员名单)	1	
6	《征求意见稿的意见汇总处理表》	1	
7	《采用国际标准的译文》	1(若有)	
8	《涉及专利标准相关材料》	1(若有)	
9	其他		

（二）相关文件要求

相关文件要求主要从报批国家标准制定程序的合法性、技术协调性、编写规范性、文件齐全性等方面进行审核，具体而言，合法性审核主要是通过对标准征求意见阶段和审查阶段形成的材料审核，确定报批标准是否与计划一致，标准制定程序是否合规。技术协调性审核就是审核与相关标准是否协调，技术内容是否合理。编写规范性审核即审核报批标准的编写是否符合GB/T 1.1、GB/T 1.2和GB/T 20000等的要求。文件齐全性则是审核报批材料是否完整、齐全。

二、行业标准的报批

（一）报批阶段的程序性要求

（1）标准化技术组织务必于制修订周期结束前3个月将行业标准报批材料电子版发送至qgbz445@163.com，中国轻工业联合会质量标准部将及时组织对行标报批材料的规范性进行审核。标准化技术组织应按照审核意见1个月内完成修改完善，并在制修订周期结束日期前将最终行标报批材料上报至中国轻工业联合会质量标准部，同时通过行标管理平台提交相关材料。

（2）经审查通过的标准送审稿，由标准起草工作组根据审查意见对标准送审稿做必要的修改，形成标准报批稿、编制说明（报批稿）及相关附件，填写《行业标准申报单》的相关内容，连同相应的报批文件报标委会。

（3）标委会秘书处应对标准报批稿的技术内容、编写质量及有关附件进行全面审核。主要包括：

①确认标准报批文件是否齐全；

②确认标准报批文件内容、描述、格式符合《轻工业行业标准制修订工作细则》及《轻工行业标准制修订规范性要求》的有关规定；

③标准文本编写格式、计量单位、表达方式等应符合GB/T 1.1的有关规定；

④标准中如涉及专利，确认其处置说明是否清晰。

（4）经审核符合要求的项目，标准审核人需在《标准报批签署单》中写出审核结论并签字，经标准化技术委员会秘书处负责人签字（无标准化技术委员会的由相应的标准技术归口单位负责人签字），加盖公章后，连同全部报批文件，按规定的份数及要求报送中国轻工业联合会。

（5）中国轻工业联合会负责组织对标准报批文件进行审核。经审核符合要求的，按规定进行编号，并报工业和信息化部；若不符合要求，则退回至标准化技术委员会。

（6）报批阶段提交的文件及份数见表3-13。

表3-13 轻工行业标准报批文件及份数

序号	报批文件名称	份数
1	《报送函》（主件） 附件1：《报批行业标准项目汇总表》 附件2：《××项轻工行业标准计划来源、技术归口单位、主要起草单位等一览表》 附件3：《报批项目的情况说明》 附件4：《国际国外标准与行业标准主要技术差异一览表》（采标项目填写）	1
2	《标准报批签署单》	1
3	《行业标准申报单》	2
4	《行业标准报批稿》	3
5	《行业标准编制说明》	2
6	《行业标准征求意见汇总处理表》	2
7	《行业标准审查会议纪要》（主件） 附件1：《参加标准审查会委员名单》（标准化技术委员会用此表）或《参加标准审查会专家名单》（没有标准化技术委员会的用此表） 附件2：《行业标准审查会审查结论》 附件3：《审查会项目清单》（必要时） 附件4：《未到会委员委托代表参加会议的书面委托书》或： 《行业标准送审稿函审结论表》（主件） 附件1：《函审意见汇总处理表》 附件2：《函审单》（全部）	2
8	《采用国际标准或国外先进标准的原文和译文》	各2
9	出版用标准制图或照片（必要时）	1
10	《标准送审稿》（仅电子版）	—
11	《行业标准项目计划调整申请表》（必要时）	2
12	《涉及专利标准相关材料》（必要时）	2
注：所有报批文件必须同时提交电子版（含有印章和签字的文件需要提交全部信息的扫描版）。		

（二）相关文件要求

1.《标准报批签署单》的填写要求

（1）"标准项目名称"应与报批稿名称严格一致，包括要素之间的空格，不写标准编号、不加书名号。

（2）"计划项目编号"填写工信部计划编号。

（3）"标准化技术委员会"填写中文全称，且必须与报批稿严格一致。

（4）"审核结论"由标准化技术委员会秘书处按《轻工业行业标准制修订工作细则》中5.2的要求进行审核，签署意见。

说明1：一般模式写法如下。

> 经审查，本标准符合《轻工业行业标准制修订工作细则》中5.2的要求。
> 同意上报。

说明2：有变更时的模式写法如下。

> 经审查，本标准符合《轻工业行业标准制修订工作细则》中5.2的要求。
> 本标准在××阶段进行了××变更，符合程序要求。
> 同意上报。

说明3：有同批同级引用标准时的模式写法如下。

> 经审查，本标准符合《轻工业行业标准制修订工作细则》中5.2的要求。
> 同意上报。
> 本项目有引用同批、同级待批标准的情况：
> ——第2章规范性引用文件中第2项"QB/T ××××—20××　××××××××"与3.1.3条"……长度的测量方法按QB/T ×××—20××表1的规定。"中QB/T ×××—20××为同批、同级待批标准。
> ——第2章规范性引用文件中第5项"QB/T ××××　××××××"与5.2.1条"……性能测试方法按QB/T ××××的规定。"中QB/T ××××为同批、同级待批标准。

2.《行业标准申报单》的填写要求

（1）"项目批准文件及文号"应填写工业和信息化部计划下达的文件名称及文号。

（2）"标准名称"与报批稿名称应严格一致，包括要素之间的空格，不写标准编号、不加书名号。

（3）"计划编号"填写工业和信息化部计划下达的计划编号。

（4）"中国标准分类号"填写CCS号（不写"CCS"字母），且必须与报批稿严格一致。

（5）"国际标准分类号"填写ICS号（不写"ICS"字母），且必须与报批稿严格一致。

（6）"制定、修订"栏在相应内容上划"√"。

（7）"被修订标准编号"栏对于制定项目保持空格；对于修订项目必须填写完全，且与报批稿一致。

（8）"标准类别"按项目计划下达时的项目归类勾选。

（9）"采用国际标准（国外先进标准）的程度"按采用程度相应勾选，并填写被采用的国际标准编号，且必须与报批稿一致。

（10）"标准水平分析"勾选相应水平，且必须与《标准报批签署单》《编制说明》《会议审查结论》《报批项目》的情况说明等文件内容严格一致。

（11）"与测试的国外样品、样机相关数据的对比"栏填写不下时，不要扩大此栏，可在《行业标准申报单》背面以附件形式填写（保证《行业标准申报单》原栏目均在同一页）。产品标准需填写此栏，如无对比数据需写"无"。

（12）"起草单位"所盖公章必须与报批稿的第一起草单位严格一致。

（13）"标准化技术组织"所盖公章必须与报批稿的技术归口单位严格一致。

（14）"初审机构（盖公章）""初审机构承办人""电话"和"填报日期"保持空格。

（15）《行业标准申报单》填写模式如表3-14所示。

3.《报批行业标准项目汇总表》的填写要求

（1）《报批行业标准项目汇总表》的格式不能改动，栏目不得增减。特别要注意，表中内容应确保正确，绝对不能出现错别字。

（2）"报批单位"填写中国轻工业联合会。

（3）编排"序号"栏顺序时，注意选取"标准名称"中字数最少的标准项目当作序号"1"，顺序排序，并且顺序应与《报批项目的情况说明》"正文"中出现的顺序，以及《××项轻工行业标准计划来源、技术归口单位、主要起草单位等一览表》的排列顺序应严格一致。

（4）填写"标准编号"栏时，对于制定项目只写轻工行业标准的代号（QB/T）；修订项目只写轻工行业标准代号和该项目的顺序号，不写年代号。

表3-14 行业标准申报单

项目批准文件及文号	××××年第×批行业标准制修订计划工信厅科（函）[××××]××号			
标准名称	不写标准编号； 不加书名号； 与报批稿名称一致，包括要素之间的空格	计划编号	与计划下达一致	
中国标准分类号	Y（N、K、G……）××	国际标准分类号	ICS××.×××.××	
制定、修订	（1）制定　　　　（2）修订	被修订标准编号	修订标准时必须填写完全	
标准类别	（1）产品　　　　（2）基础　　　　（3）方法 （4）管理　　　　（5）节能与综合利用　　（6）工程建设 （7）安全生产　　（8）标准样品			
采用国际标准（国外先进标准）的程度	（1）等同采用　　　（2）修改采用　　　　（3）非等效 被采用的标准编号：			
标准水平分析	（1）国际领先水平　　　（2）国际先进水平　　　（3）国内领先水平			
与测试的国外样品、样机相关数据的对比（产品标准填写）				
起草单位	（盖公章）	标准化技术组织	（盖公章）	初审机构	（盖公章）
初审机构承办人		电话		填报日期	年　月　日

注：1. 表中第4、5、6、8行，请在选定的内容上划"√"的符号。
　　2. 表中"标准化技术组织"盖公章应为计划下达中的"标准化技术组织"。

（5）"标准名称"必须与《报批稿》《申报单》《编制说明》《标准报批签署单》等报批文件的"标准名称"严格一致。

（6）"标准主要内容"就是《报批稿》中的"范围"的内容（本文件规定了……本文件适用于……），要严格一致，不得增减。

（7）涉及"（以下简称……）"时，如本条内容中不涉及"简称"，应删除"（以下简称……）"的描述。

（8）填写"代替标准编号"栏时，如果是制定项目，不填任何内容，保持空格；如果是修订项目要写全被代替的标准编号（包括行业标准代号、顺序号和4位年代号）。

（9）"采标情况"栏填写时，如果不是采标项目，没有采用国际标准，此栏目不填任何内容，保持空格；如果是采标项目，要写全采用的国际标准编号（包括代号、顺序号和4位年代号），在国际标准编号后标注采标程度（如IDT或MOD）。

（10）"所属专项名称"一栏中内容与计划下达时的专项名称一致。

（11）《报批行业标准项目汇总表》填写样式如表3-15所示。

表3-15　报批行业标准项目汇总表

报批单位：中国轻工业联合会

序号	标准编号	标准名称	标准主要内容	代替标准号	采标情况	所属专项名称
1.选标准名称中字数最少的项目为"1"号，顺序排序	制定项目只写轻工行业标准的代号如：QB/T	选取"标准名称"中字数最少的标准项目当作第一项	就是"报批稿"中的范围的内容。要严格一致，不得增减	如果是制定项目，不填任何内容，保持空格	如果不是采标项目，没有采用国际标准，此栏目不填任何内容，保持空格	与计划下达保持一致
2.顺序须与情况说明出现的顺序，以及"附表"顺序严格一致	修订项目只写轻工行业标准代号和该项目的顺序号，不写年代号	必须与《报批稿》《申报单》《编制说明》《标准报批签署单》等报批文件的"标准名称"严格一致	本文件规定了……本文件适用于……涉及"（以下简称……）"时，如本条内容中不涉及"简称"，应删除"（以下简称……）"的描述	如果是修订项目要写全被代替的标准编号（包括轻工行业标准代号QB/T、顺序号和4位年代号）	如果是采标项目，要写全采用的国际标准编号（包括代号、顺序号和4位年代号），在国际标准编号后标注采标程度（如IDT或MOD）	一般项目（不是专项的写一般项目，如基础公益类也写一般项目）

4. 《××项轻工行业标准计划来源、技术归口单位、主要起草单位等一览表》（以下简称"一览表"）的填写要求

（1）《一览表》参照《报批行业标准项目汇总表》的填写要求，填写内容应与其他材料完全一致。

（2）"序号"栏顺序、"标准编号"栏、"标准名称"栏、"代替标准"应与《报批行业标准项目汇总表》一致。

（3）"标准类别"栏应与其他材料一致（尤其是申报单）。

（4）"制定、修订"栏按项目的计划填写，并与其他材料一致。

（5）"采用程度及采标号"与项目计划一致。如果不是采标项目，此栏不填写任何内容，保持空栏；如果是采标项目，要标明采标程度"等同采用（IDT）"或"修改采用（MOD）"，后面写国际/国外标准编号（包括代号、顺序号和4位年代号），而且要在《报批项目的情况说明》中说明情况，并填写《国际国外标准与行业标准主要技术差异一览表》。

（6）"项目周期"栏填写项目计划的周期，不得填写实际周期，对于之前计划下达是年的，按照当时的计划填写。

（7）"标准化技术组织"栏按项目的计划填写，并与其他材料一致。

（8）"主要起草单位"栏只填写报批稿中前三位，其他用"等"表示（如果等于或少于三个单位，则不必写"等"）。

（9）"分类"栏填写时，按照计划下达的实际情况勾选。

（10）"计划编号"栏填写工信部项目计划下达文号与计划号。

（11）《××项轻工行业标准计划来源、技术归口单位、主要起草单位等一览表》填写样式如表3-16所示。

5.《报批项目的情况说明》的编写要求

应按示例3-19的要求填写报批项目的情况说明。

表3-16 ××项轻工行业标准计划来源、技术归口单位、主要起草单位等一览表

序号	标准编号	标准名称	标准类别¹	制定、修订²	代替标准	采用程度及采标号³	项目周期	标准化技术组织	主要起草单位	分类			计划编号
										重点	基础公益	其他	
1	顺序与汇总表一致						与计划下达一致		填写报批稿前三个单位+等				
2													
3													
4													

注：1. 标准类别包括产品、基础、方法、管理、节能与综合利用、工程建设、安全生产、标准样品。
2. 修订项目，请在"代替标准"栏中注明修订标准号和年代号。
3. 采用国际标准（国外先进标准）项目，等同采用填写IDT，修改采用填写MOD，非等效填写NEQ，采标号需要填写采用标准号及年代号。

示例3-19

一、总体情况
（一）报批项目的总数及行业分布等情况

> 本次报批×项轻工行业标准项目，属于××（与标委会专业名称一致）领域。

（二）申报项目领域划分及分布情况（需按行业、分领域对申报项目进行划分）

> 本次报批×项轻工行业标准项目，×项属于××领域，×项属于××领域。

（三）本次报批的重点专项和基础公益类项目情况

> 本次报批的×项行业标准中，《×××××》属于质量提升项目，《××××》属于基础公益类项目。

（四）报批项目对产业发展的支撑作用（包括推动产业高质量发展、加快发展战略性新兴产业、推进制造强国和网络强国建设等）

> 本次报批的××项标准是相应领域标准缺失或落后的项目，涉及的产品在行业内已形成较大规模，生产企业数量多，为行业发展所急需。新制定的标准将有效填补相关领域标准空白，修订标准将解决标龄老化问题。这些标准的制修订，可为相关产品的生产、贸易提供统一的技术规范，对推动产业结构调整和升级，加强行业自律起到积极的推动作用。

（五）报批项目的总体技术水平及与国际标准（国外先进标准）对比分析的总体情况
说明1：没有采标时，模式写法如下。

> 本次报批××项轻工行业标准项目的总体技术水平为国内领先水平。
> 本次报批没有采标项目。

说明2：当有采标时，模式写法如下。

> 本次报批的××项轻工行业标准项目中，××项为国际领先水平，××项为国际先进水平，××项为国内领先水平。
> 其中，××项等同采用国际标准（国外先进标准），××项修改采用国际标准（国外先进标准），采用情况与技术差异见《国际国外标准与行业标准主要技术差异一览表》。

续

说明3：

（1）一定要与《申报单》《标准报批签署单》《编制说明》《审查结论》等所有材料相一致。

（2）采标项目一定要有与国际标准（国外先进标准）的技术对比。

（六）涉及的专利及处置情况

说明1：未涉及专利时，模式写法如下。

> 本次报批项目未涉及专利。

说明2：涉及专利时，模式写法如下（指本次报批项目中涉及专利的标准项目数，不是专利项数）。

> 本次报批项目涉及专利×项。

二、按行业、分领域阐述报批项目情况

（一）第一个标准的名称

说明1：标准名称写全称，加书名号。

说明2：排序应与《报批行业标准项目汇总表》《××项轻工行业标准计划来源、技术归口单位、主要起草单位等一览表》顺序一致。

1. 报批项目规定的主要内容、适用范围

说明1：本条内容就是标准报批稿中"范围"的内容，且必须与《报批稿》《汇总表》材料一致。

说明2：关于"以下简称……"，如本条内容中不涉及"简称"，应删除此描述。

2. 相关标准体系的基本情况，及报批项目在标准体系中的位置

说明1：必须与《编制说明》（报批稿）描述一致。

说明2：模式写法如下。

> 本标准属于×××（体系大类名称）标准体系"×××"中类，"×××"小类，"×××"系列。

3. 与现有标准、制定中标准的协调配套情况

说明：模式写法如下。（以无矛盾为例）

> 与现有标准、制定中标准没有矛盾。

续

4. 与其他行业或者领域的关系及跨行业、跨领域的协调情况

说明：模式写法如下。（以无冲突为例）

> 与其他行业或领域没有冲突。

5. 报批项目对产业发展的支撑作用及解决的主要问题

说明1：与《编制说明（报批稿）》完全相同即可。

说明2：切忌一批项目内容一样（此情况不予报批，按审核未通过、退稿处理）。

6. 与国际标准（国外先进标准）的对比分析情况，及采用国际标准（国外先进标准）的情况

说明1：如果没有采标，模式写法如下。

> 本标准在制定（或修订）过程中没有查询到相应的国际、国外标准，因此没有采标。

说明2：有采标时，必须有采用差异情况的说明和对比分析。采标项目一般可定为国际领先或国际先进水平。模式写法如下。

> 本标准等同（或修改）采用IEC×××（或ISO×××），差异对比见《国际国外标准与行业标准主要技术差异一览表》，本标准技术水平为国际领先水平（或国际先进水平）。

7. 涉及国内外专利及处置情况

说明1：不涉及专利时，模式写法如下。

> 本标准不涉及专利问题。

说明2：涉及专利时，此处按编制说明第四章内容，写明专利处置情况。相关声明等材料一并上报。

8. 其他需要说明的情况

说明1：与《编制说明（报批稿）》一致。

说明2：没有申请计划调整就擅自变更改计划的，一律不予受理。

（二）第二个标准的名称

要求同（一），依此类推。

续

> 三、审查意见
>
> 1. 本批报批项目制定的主要过程
>
> 把编制说明中标准编制的主要过程简化一下即可。
>
> 2. 跨行业、跨领域的协调情况
>
> 本次报批项目为轻工行业××领域，与其他行业或领域没有冲突。
>
> 3. 对报批项目的审查情况和审查意见
>
> 模式写法如下：
>
> > 报批材料完备（整）；制定（或修订）程序合法（规）；与产业发展政策和产业发展水平符合；与现行相关法律、法规、规章及相关标准，特别是强制性国家标准的协调；无重大问题尚未解决等。
> >
> > 经审查，本次报批项目符合《轻工业行业标准制修订工作细则》中5.2的要求。各项目报批材料完整，制修订程序合法合规，符合产业发展政策和产业发展水平，与现行相关法律、法规、规章及相关标准协调一致，无重大问题。

6.《行业标准与国际国外标准主要技术差异一览表》的填写要求

采标项目必须填写《行业标准与国际国外标准主要技术差异一览表》，同一批上报项目的采标项目填写在同一张表上，如表3-17所示。

表3-17 行业标准与国际国外标准主要技术差异一览表（示例）

序号	标准编号	标准名称	采用程度及采标号	与国际标准（国外先进标准）技术差异
1	QB/T	毛皮 化学试验 pH的测定	ISO 4045: 2008 MOD 等同采用填写IDT，修改采用填写MOD，非等效填写NEQ，采标号需要填写采用标准号及年代号	——"规范性引用文件"中将原引用的ISO标准，改写为引用我国的相关标准，并增加相关的引用标准； ——5.1增加对水的引用标准规定； ——根据我国习惯，将7进行了细化，分为7.1、7.2，便于使用； ——增加了"结果的表示"一章
2	QB/T	鞋类 拉链试验方法 拉头锁定强度	ISO 10748: 2011 IDT	与国际标准一致

第八节 标准的批准、发布和出版

一、标准的批准和发布

标准化主管部门对行业标准报批材料进行审核,审核通过后向社会公开征求意见。

标准化主管部门对社会公众意见进行汇总、协调和处理,对没有不同意见或者相关意见已处理完毕的行业标准报批稿予以批准、编号并公告发布。

二、标准的出版

(一)出版

国家标准由中国质量标准出版传媒有限公司(中国标准出版社)出版。

轻工行业标准经轻工业标准化研究所(轻工业标准化编辑出版委员会)编辑后,由中国轻工业出版社有限公司(中国轻工业出版社)出版。

轻工行业标准发布信息和订购方式可在"轻工标准与质量杂志"微信公众号"标准动态"栏目中查询,咨询电话010-68049923。

(二)备案

轻工行业标准在编辑出版后,由轻工业标准化研究所负责在"行业标准信息服务平台"上备案。

第九节 标准的复审

一、标准复审原则

（一）必要性原则

（1）标准是否符合重复使用和共同使用的标准化基本原则；
（2）标准是否不属于行政法规应规范的内容；
（3）标准是否得到有效实施。

（二）协调性原则

（1）是否符合国家现行的法律法规；
（2）是否符合国家大政方针、政策措施，对规范市场秩序有推动作用；
（3）是否符合国家采用国际标准或国外先进标准的政策，采用国际标准制定的标准，是否需要与国际标准的变化情况一致；
（4）是否同其他国家标准有矛盾。

（三）适用性原则

（1）市场和企业是否需要，符合国家产业发展政策，对提高经济效益和社会效益有推动作用；
（2）国家标准的内容和技术指标是否反映当前的技术水平和消费水平的要求；
（3）标准所提出要求和技术指标是否科学合理、正确可行；
（4）标准实施过程中，是否有了新的需要解决的问题。

二、国家标准的复审

国家标准的复审工作由负责国家标准制修订的技术委员会或标准化技术归口单位具体负责,复审工作需纳入技术委员会和标准化技术归口单位正常工作计划,国家标准复审时应广泛征求技术委员会委员和相关适用方的意见。每年应向标准化行政主管部门申报国家标准复审意见,同时标准化行政主管部门对有关单位报送的复审意见进行审查、确认和批复,国家标准的复审结论应及时在标准化权威媒介上向社会公布。

国家标准复审结论一般为继续有效、修订或废止。

复审结论为修订的,国务院有关行政主管部门、有关行业协会或者技术委员会应当在报送复审结论时提出修订项目。复审结论为废止的,由国务院标准化行政主管部门通过全国标准信息公共服务平台向社会公开征求意见,征求意见一般不少于60日。无重大分歧意见或者经协调一致的,由国务院标准化行政主管部门以公告形式废止。

国家标准发布后,个别技术要求需要调整、补充或者删减,可以通过修改单进行修改。修改单由国务院有关行政主管部门、有关行业协会或者技术委员会提出,国务院标准化行政主管部门按程序批准后以公告形式发布。国家标准的修改单与标准文本具有同等效力。

标准复审周期一般遵循"五年间隔"原则。

三、行业标准的复审

工业和信息化部根据经济社会发展和技术进步需要,制定并公布行业标准复审计划。

标准化技术组织应当根据复审计划对行业标准进行复审,提出复审结论建议,形成复审材料报送轻工业联合会,经中国轻工业联合会初审后报送工业和信息化部。工业和信息化部对行业标准复审材料进行审查,审查通过后向社会公开征求意见。工业和信息化部对社会公众意见进行汇总、协调和处理。没有不同意见或者相关意见已处理完毕的,由工业和信息化部公告发布复审结论。

行业标准复审结论建议一般为继续有效、修订和废止。

复审结论为继续有效的行业标准再次出版时,应当在封面上标明复审信息。

对复审结论为修订的行业标准,相关标准化技术组织应当及时组织修订。进行少量修改能够符合当前科技水平、适应产业发展需求、满足行业管理需要的,可采用修改单方式修改。

标准复审周期一般遵循"五年间隔"原则。

BZH

第四章

国际标准化业务

第一节 国际标准化组织

一、国际标准化组织（ISO）简介

国际标准化组织（International Organization for Standardization，ISO）是一个独立的非政府国际组织，拥有167个国家标准机构的成员。通过其成员，它将世界各国标准化专家共聚一堂，分享知识并制定自愿的、基于共识的、与市场相关的国际标准，以支持创新并为全球挑战提供解决方案。

ISO每年召开一次全体大会，决定ISO战略目标。

ISO中央秘书处在瑞士日内瓦，负责协调该系统并在秘书长的监督下开展日常运作。

（一）治理结构

ISO全体大会是ISO的最高机构和最高权力机构。

理事会是ISO的核心治理机构，向ISO全体大会报告，它每年召开3次会议，由20个成员机构、ISO官员和ISO政策制定委员会[合格评定委员会（CASCO）、消费者政策委员会（COPOLCO）和发展中国家事务委员会（DEVCO）]的主席组成。

直接负责向理事会报告的一些机构及其具体工作如下：

——主席委员会就理事会决定的事项向理事会提供建议；

——理事会常务委员会处理与财务（CSC/FIN）、战略和政策（CSC/SP）、治理职位提名（CSC/NOM）相关的事务，并对组织的治理实践（CSC/OVE）进行监督；

——咨询组就与ISO的商业政策（CPAG）和信息技术（ITSAG）相关的事宜提供建议；

——CASCO提供合格评定指南；

——COPOLCO就消费者问题提供指导；

——DEVCO就与发展中国家有关的事项提供指导。

理事会成员资格对所有成员机构开放，并轮流担任，以确保其代表成员社区。

技术管理委员会（TMB）负责技术工作的管理，向理事会报告。该机构负责领导标准制定的技术委员会和就技术事务创建的任何战略咨询委员会。

（二）会员资格

国际标准化组织（ISO）是国家标准机构的全球网络，其成员是所在国家最重要的标准组织，每个国家只有一名成员。每个成员都代表其所在国家/地区的国际标准化组织（ISO）。

国际标准化组织（ISO）共有三个成员类别，每个类别在国际标准化组织（ISO）体系中享有不同级别的访问权和影响力。

——正式成员（或成员机构）通过参与国际标准化组织（ISO）技术和政策会议并投票来影响国际标准化组织（ISO）标准的制定和战略。正式成员在全国范围内销售和采用国际标准化组织（ISO）国际标准；

——通讯员以观察员身份参加国际标准化组织（ISO）技术和政策会议，了解国际标准化组织（ISO）标准和战略的发展。作为国家实体的通讯成员在全国范围内销售和采用国际标准化组织（ISO）国际标准。不是国家实体的地区通讯成员在其地区内销售国际标准化组织（ISO）国际标准；

——订阅成员了解国际标准化组织（ISO）的最新工作，但不能参与其中。他们不在全国范围内销售或采用国际标准化组织（ISO）国际标准。

个人或公司不能成为国际标准化组织（ISO）成员，但可以通过多种方式参与标准化工作。

二、国际电工委员会（IEC）简介

国际电工委员会（International Electro technical Commission，IEC）成立于1906年，是世界上成立最早的非政府性国际电工标准化机构，是联合国经社理事会（ECOSOC）的甲级咨询组织。IEC有88个成员国（正式成员62个，准会员26个），称为IEC国家委员会，每个国家只能有一个机构作为其成员。每个成员国都是IEC全体大会成员，IEC全体会议一年一次，轮流在各个成员国召开。

（一）标准管理局（SMB）

部分职能：

——成立和撤销TC/SyC系统委员会；

——批准变更TC/SyC的范围；

——监督管理技术工作进展；

——通过AC协调、指导多个TC在共性/跨专业领域开展工作；

——审议TC/SC/SyC报告；
——决定TC/SC/SyC秘书处分配、主席任命。

（二）技术委员会（TC/SC）

组成：主席（副主席）、秘书（助理秘书）、IEC秘书处官员、P成员和O成员（通过P成员投票做出决议）。

职责：
——依据ISO/IEC导则开展标准制修订等工作；
——对IEC标准的制定、修订进行管理；
——向SMB报告。

（三）各种工作组

工作组（Working Group，WG）：制定一项或多项新标准及修订标准，将标准各阶段草案提交至TC/SC评议/投票。

项目组（Project Team，PT）：制定一项新标准（第1版），将标准各阶段草案提交至WG协调或TC/SC评议/投票。

维护组（Maintenance Team，MT）：维护一项或多项标准，将修订标准部分或修订标准提交至TC/SC评议/投票。

特别工作组（ad hoc Group，ahG）：研究具体问题，向TC/SC提交报告及建议。

顾问组（Advisory Group，AG）：协助TC/SC主席、秘书协调、规划、指导TC/SC开展工作。召集人通常为TC/SC主席，成员包括TC/SC下设各工作组召集人等。

第二节　国际标准技术工作流程

ISO/IEC国际标准制定的整体流程为：00预研阶段（PWI）、10提案阶段（NP）、

20准备阶段（WD）、30委员会阶段（CD）、40询问阶段[CDV（IEC）/DIS（ISO）]、50批准阶段（FDIS）、60出版阶段（IS）、90复审阶段。其中00预研阶段（PWI）、20准备阶段（WD）、30委员会阶段（CD）、50批准阶段（FDIS）为可选阶段，其他为必经阶段。

一、预研阶段（PWI）

对于战略工作计划中列出的那些项目，特别是在"对新需求的展望"中所列的项目或尚不完全成熟、不能进入下一阶段处理且不能确定目标日期的预研工作项目（如涉及新兴技术的项目）进行评价，并制定最初的草案。

通过P成员的简单多数赞成，将其纳入工作计划中。

由TC/SC进行定期复审，对每个预研工作项目的市场相关性和所需要的资源进行评价。任何预研工作项目在规定的时间内未进入提案阶段，将自动从工作计划中删除。

二、提案阶段（NP）

一个新工作项目提案（NP）可以是一项新国际标准；现有国际标准中的一部分；对现有国际标准或部分的修订或修改；技术规范（TS）或可公开的技术文件（PAS）。

NP主要考虑提案内容是否在本TC或SC工作范围内（是否和其他TC有重复或交叉），是否属于本TC或SC战略计划中，前期研究是否充分，相关标准是否发布。

说明提案提出的理由、附上提案框架或WD草案（准备越充分，后面的工作就越容易）推荐项目负责人（Project Leader）、提出预计项目完成的时间（尽可能选择36个月）。

发出NP投票（P成员投票），一般有12周（或8周）的投票期。

提案被接受的条件：2/3及以上P成员同意；至少有5个P成员愿意派员参加该项工作（P成员不少于17个）或至少有4个P成员愿意派员参加该项工作（P成员不超过16个）。统计票数时，弃权票不计。投票结束后，秘书处要在4周内向全体成员通报投票结果，并上报上级秘书处，通过项目并正式注册启动。

提案期间可能遇到的问题：满足一个条件，例如派员参加的P成员数不够，可发函动员投同意票的P成员参加；一个国家提名专家太多，可建议专家人数上限。

三、准备阶段（WD）

这一阶段视项目的难易程度以及前期准备工作的充分与否在操作上有所不同。

本阶段的主要工作：准备工作草案。

如果准备阶段（WD）准备充分，成员国同意接受为委员会阶段（CD），则本阶段可以省略。

四、委员会阶段（CD）

项目负责人按照成员国对准备阶段（WD）提出的意见进行修改，或根据试验数据对文本进行充实，形成委员会草案（CD），提交秘书处。

秘书处对CD审核后，准备投票单附上CD，上传到网上进行投票。

成员国收到投票通知，组织专家对CD文本进行研究，拿出投票意见，进行投票。国家成员对委员会草案评论的时间应为8周、12周（仍可选最多到16周）。

该阶段有可能反复，也可能跳过。

投票类型：同意、同意并附上意见、弃权、反对。

通过条件：技术分歧基本解决，总体达成一致且利益相关方的任何重要一方对重大问题不坚持反对立场，并有寻求考虑所有相关方的意见和协调任何冲突的过程。

秘书处应在投票结束的4周内将投票结果通报给成员国，并上报上级主管秘书处，投票结果包括：投票结果报告、票数统计、意见汇总。

投票结果处理：在下次会议上讨论委员会草案及评论意见；分发修改后的委员会草案供考虑；登记下一阶段用草案（CDV）。

应注意的几个问题：坚持协商一致的原则；技术问题达不成一致，尽量在会议上解决，一定要形成会议纪要；如果始终达不成一致，项目有可能取消。

五、询问阶段[CDV（IEC）/DIS（ISO）]

项目负责人根据CD阶段达成的共识，对文本进行修改，形成CDV，提交秘书处。秘书处检查文本修改内容，技术分歧解决情况，文本格式，对文本做修改。

秘书处上报中央秘书处意见处理汇总表，修改后的文本（CDV），CD阶段投票报告。

中央秘书处对上报材料审核后，公开投票单（即向所有国家成员），通过电子邮件自动通知成员团体投票。

投票期限：12周。

投票结束后，收集到的意见将在4周内发给TC或SC的主席和秘书。

投票类型：同意、弃权、反对。

通过条件：2/3及以上的参加投票的P成员投赞成票且反对票不超过投票总数的1/4。弃权票和不附带技术理由的反对票不计。

几种情况及处理方式：

（1）全票通过，只有一些编辑性意见，直接出版；

（2）通过，有修改意见，进入FDIS阶段；

（3）未通过。协调沟通或会议讨论，达成共识，再次形成CDV，进行第二轮投票。

六、批准阶段（FDIS）

ISO/IEC秘书处编辑部对秘书处提供的FDIS审核、修改。一些具体的修改要与秘书处协商，有时秘书处会征求项目负责人的意见。

ISO/IEC秘书处将在12周内完成英文、法文文本的编辑，在网上开始最后投票。投票期限：6周。

通过条件：2/3及以上的参加投票的P成员投赞成票，且反对票不超过投票总数的1/4。弃权票和不附带技术理由的反对票不计。

提交到TC/SC的技术性反对意见可在国际标准复审时考虑。

七、出版阶段（IS）

在1.5个月内校正TC和SC秘书处指出的所有错误，并且印刷和分发国际标准。

八、标准复审阶段

对国际标准（IS）而言，分有效、修订、微小修订、废止。

有效：简单多数P成员确认有效、至少5个国家使用（采用）或打算采用。

修订：简单多数P成员投票修订、至少5个国家使用（采用）或打算采用（修订工作组的专家人数没有最少P成员的人数限制）。

微小修订：修改不影响标准的技术内容。

废止：简单多数P成员投票废止、少于5个国家采用。

第三节　参与国际标准化工作

一、参加国际标准会议

IEC或ISO的各委员会［包括TC、SC（分委会）、SyC、JTC（联合技术委员会）等］所组织的会议，由国内技术对口单位向行业统一发出会议通知，征集参会人员，组团参会。

各单位应在指定报名时间内根据需要向国内技术对口单位提出书面参会申请，申请中应说明参会人员及各自的参会任务及行程。国内技术对口单位根据相关规定和会议规模等情况，筛选参会人员并任命团长，并向国家标准化管理委员会提出书面申请，由国家标准化管理委员会批准参会。

未经国务院标准化主管部门审核，任何单位或个人不得代表我国出席ISO和IEC会议，由此产生的后果由派出单位负全部责任。

被批准的参会代表应按时、全程参加所注册的会议，不得出现缺席现象。因特殊原因无法全程参会或无法参会的代表应尽早向国内技术对口单位及团长通报情况，并提交书面说明。

参会代表在会议期间应听从团长的统一安排，所有与会议有关的行动需向团长请示后方可进行。

参加会议时，由团长以及团长现场授权的代表发言，参会代表应按国内统一的参会预案对外工作和发言，不得擅自发表与国家统一技术口径不一致的个人意见。发言中应尽可能避免提及个人职务和单位名称。

会议期间，如果会议临时决定成立相关的工作组等机构，团长可在充分考虑国家、行业利益的基础上，选择加入或不加入工作组，以及是否推举中国专家担任工作组召集人，并在会议期间尽早与国内技术对口单位通报相关情况。国内技术对口单位将在会后根据需要进行专家（包括召集人）的指派及申报工作，并优先考虑会议上指派的专家（包括召集人）。

参会代表应在会议结束两周内向国内技术对口单位提交会议总结。会议总结每单位一份，其中应包括本单位参会人员名单、会议主要情况、任务完成情况及下一步的工作计划等内容，并提供相关会议文件及资料。

参会代表若出现以下情况，国内技术对口单位将取消其本人及所在单位参加国际标准会议的资格：

（1）参会过程中出现有损国家、行业利益的行为；
（2）违反国内技术对口单位国际标准化工作管理办法相关条款及其他相关管理规定；
（3）未经请示擅自行动或发言，不按时、全程参加所注册的会议；
（4）不按时提交会议总结；
（5）国内技术对口单位接到国际标准化机构有关该代表的投诉或负面反馈意见。

二、国际标准提案

申报：各单位可随时向国内技术对口单位提交国际标准提案，提交的提案应按照模板编写，并包括相应的申报材料。

审核：国内技术对口单位将对各项提案进行形式审查，并组织国内相关专家进行技术审核，通过审核后方可报出，必要时将会组建国际标准提案工作组对提案进行研讨和准备。

参会：提案提出方应参加涉及该提案的国内预备会议，并在会上向国内专家介绍提案情况及国际会议的应对策略。提案提出方应参加涉及该提案的国际标准会议，并依据国内预备会议形成的统一口径，向国际专家介绍提案情况。

宣传：提案提出方如果准备进行与国际标准提案相关的宣传活动，须经过国内技术对口单位及国家标准化管理委员会批准后方可进行。

三、国际注册专家

范围：在IEC或ISO的各委员会（包括TC、SC、SyC、JTC等）中担任主席、副主席、秘书（包括助理秘书），或在各工作组［包括WG、MT、PT、AG、SG（战略组）、SEG（标准化评估组）、adHoc特别工作组等］和顾问委员会（AC）中担任召集人（包括联合召集人）、秘书或专家成员的人员。

能力要求：应具备较强的英语听说读写能力，熟悉本领域的技术和行业情况；秘书（包括助理秘书）还应具备用英语记录国际会议召开情况、处理秘书处日常工作文件和国际交流沟通的能力，曾在国际或国内标委会（工作组）担任过秘书的人员优先考虑；主席、副主席、召集人（包括联合召集人）还应具备用英语主持召开国际标准会议、协调国际观点的能力，曾在国际或国内标委会（工作组）担任过领导职务的人员优先考虑。

申请及批准注册：国际注册专家由国内技术对口单位根据需要不定期向行业征集，参与国际标准化工作的各单位向国内技术对口单位推荐人选并提出书面申请，国内技术对口单位在对申请人进行初步审核后，在充分考虑国家、行业利益的基础上，根据相关规定和要求，向国家标准化管理委员会推荐人选并提出书面申请，由国家标准化管理委员会确认最终人选，并进行国际专家注册。

参与工作：国际注册专家应妥善保管自己在IEC和ISO的注册用户名及密码，以便能够顺利登录网站，获取权限内的相关资料。国际注册专家应积极参加所在机构组织的会议（包括网络电话会议）及相关活动，履行专家义务，与工作组召集人保持密切联络，按时高质量完成所在机构分配的工作任务，对相关国际标准起草工作做出积极贡献，确保我国轻工行业在该机构国际标准化工作中的实质性参与。

参加会议：国际注册专家在参与对应国际工作组会议之前，应向国内技术对口单位提出书面请示，提供会议通知、议程，并说明参会人员及各自的参会任务及行程，经国内技术对口单位同意后方可参会。实际参会人员与行程须与请示中信息保持一致，参会人员应认真完成参会任务，并在会议结束两周之内（国家标准化管理委员会规定30天）向国内技术对口单位提交会议总结。会议总结每单位一份，其中应包括参会人员名单、会议主要情况、我国专家任务完成情况及下一步的工作计划等内容，并提供相关会议文件及资料。

年度工作总结：应于每年12月15日前向国内技术对口单位报送当年工作总结。年度工作总结每人一份。

变更：当个人情况有任何变化时，应及时向国内技术对口单位通报，并同时在相关网站上更新信息。若出现工作调动、离职、退休等情况，所在单位可以向国内技术对口单位提出更换专家的申请，并保证工作顺利交接。该申请需经过原国际注册专家本人同意并签字。国内技术对口单位将根据实际情况决定是否更换专家，并向国家标准化管理委员会提出更换专家的书面申请，由国家标准化管理委员会确定最终人选，并进行国际专家注册。

撤销：若出现以下情况，国内技术对口单位将会考虑撤销其国际注册专家身份。

（1）工作中出现有损国家、行业利益的行为；

（2）违反《参加国际化组织（ISO）和国际电工委员会（IEC）国际标准化活动管理办法》相关条款及其他相关管理规定；

（3）连续两次不参加所在机构组织的会议（包括网络电话会议）；

（4）未经请示国内技术对口单位即参加所在机构组织的会议，或参会人员及行程与请示中信息不符，或多次未完成指定会议任务；

（5）国内技术对口单位接到国际标准化机构有关该专家的投诉或负面反馈意见。

当国际注册专家所在机构被撤销时，国际注册专家在该机构的身份自动被撤销。若该机构将转化为其他相应机构，在进行新机构的国际注册专家征集时，将优先考虑原机构注册专家。

BZH

第五章

标准编写规范

第一节 目标、原则和要求

一、目标和总体原则

编制文件的目标是通过规定清楚、准确和无歧义的条款，使得文件能够为未来技术发展提供框架，并被未参加文件编制的专业人员所理解且易于应用，从而促进贸易、交流以及技术合作。

为了达到上述目标，起草文件时宜遵守以下总体原则：充分考虑最新技术水平和当前市场情况，认真分析所涉及领域的标准化需求；在准确把握标准化对象、文件使用者和文件编制目的的基础上，明确文件的类别和/或功能类型，选择和确定文件的规范性要素，合理设置和编写文件的层次和要素，准确表达文件的技术内容。

二、文件编制成整体或分为部分的原则

划分部分所遵守的总原则是要提高文件的适用性，便于文件的使用。在综合考虑下列情况后，针对一个标准化对象可能需要编制成若干部分：

（1）文件篇幅过长；

（2）文件使用者需求不同，例如生产方、供应方、采购方、检测机构、认证机构、立法机构、管理机构等，每个部分仅规定与使用者需要相关的内容；

（3）文件编制目的不同，例如保证可用性，便于接口、互换、兼容或相互配合，利于品种控制，保障健康、安全，保护环境或促进资源合理利用，以及促进相互理解和交流等。

通常，适用于范围广泛的通用标准化对象的内容宜编制成一个整体文件；适用于范围较窄的标准化对象的通用内容宜编制成分为若干部分的文件的通用部分；适用于范围单一的标准化对象的具体内容不宜编制成一个整体文件或分为若干部分的文件的某个部分，仅适于编写成文件中的相关要素。

例如，对于试验方法，适用于广泛的产品，编制成试验标准；适用于某类产品，编制成分为若干部分的文件的试验方法部分；适用于某产品的具体特性的测试，编写成产品标

准中的"试验方法"要素。

在开始起草文件之前宜考虑并确立：

——文件拟分为部分的原因以及文件分为部分后各部分之间的关系；

——分为部分的文件中预期的每个部分的名称和范围。

三、规范性要素的选择原则

（一）标准化对象原则

标准化对象原则是指起草文件时需要考虑标准化对象或领域的相关内容，以便确认拟标准化的是产品/系统、过程或服务，还是与某领域相关的内容；是完整的标准化对象，还是标准化对象的某个方面，从而确保规范性要素中的内容与标准化对象或领域紧密相关。标准化对象决定着起草的标准的对象类别，它直接影响文件的规范性要素的构成及其技术内容的选取。

标准化对象将从以下几个方面影响文件的起草。

第一，针对一个标准对象通常宜编制成一个无需细分的文件，只有在特殊情况下才可编制成分为若干部分的文件。

第二，标准化对象与标准的对象类别直接相关。例如，标准化对象为产品，则可能起草产品标准；标准化对象为服务，则可能起草服务标准。即使标准化对象为产品，但具体对象不同时，标准中的技术内容也会不同。例如，具体对象为"咖啡研磨机"，则文件会涉及使用性能、机械、物理、电学性能、外形尺寸等要求；具体对象为"氯化钠"，则可能会涉及纯度、杂质等方面的要求。

第三，标准化对象不同，形成标准化文件的适用范围以及文件的层次有可能不同。标准化对象涉及宏观、复杂、新兴的领域或主题，或者适用跨行业的产品、过程或服务，就有可能形成国家标准化文件；标准化对象是行业内重要的产品、过程或服务，就有可能编制成行业或团体标准化文件；对于具体的、适用范围较窄的产品、服务或工艺等，则通常适用于编制成企业内部使用的企业标准化文件。

（二）文件使用者原则

文件使用者原则是指起草文件时需要考虑文件使用者，以便确认文件针对的是哪一方面的使用者，他们关注的是结果还是过程，从而保证规范性要素中的内容是特定使用者所需要的。文件使用者不同,会对将文件确定为规范标准、规程标准或试验标准产生影响,进而文件的规范性要素的构成及其内容的选取就会不同。

文件使用者从以下几个方面影响文件的起草。

第一,满足文件使用者的需求是文件分成部分的影响因素之一。

第二,文件使用者的需求不同,拟起草的文件功能类型会不同。

第三,不同功能类型的标准的核心技术要素不同。

(三) 目的导向原则

目的导向原则是指起草文件时需要考虑文件编制目的,并以确认的编制目的为导向,对标准化对象进行功能分析,识别出文件中拟标准化的内容或特性,从而确保规范性要素中的内容是为了实现编制目的而选取的。文件编制目的决定着标准的目的类别。编制目的不同,规范性要素中需要标准化的内容或特性就不同;编制目的越多,选取的内容或特性就越多。

注1:文件编制目的,如果是促进相互理解,形成标准的目的类别为基础标准;如果是保证可用性、互换性、兼容性、相互配合或品种控制的目的,形成标准的目的类别为技术标准;如果是保障健康、安全,保护环境,形成标准的目的类别为卫生标准、安全标准、环保标准。

注2:以促进相互理解为目的编制的基础标准包括了术语标准、符号标准、分类标准和试验标准等功能类型;以其他目的编制的标准包括了规范标准、规程标准和指南标准等功能类型。

四、文件的表述原则

(一) 一致性原则

每个文件内或分为部分的文件各部分之间,其结构以及要素的表述宜保持一致,为此:

——相同的条款宜使用相同的用语,类似的条款宜使用类似的用语;

——同一个概念宜使用同一个术语,避免使用同义词;

——相似内容的要素的标题和编号宜尽可能相同。

注:一致性对于帮助文件使用者理解文件(特别是分为部分的文件)的内容尤其重要,对于使用自动文本处理技术以及计算机辅助翻译也是同样重要的。

遵循一致性原则通常考虑结构、文体、术语和形式等四个方面。

1. 结构的一致

结构的一致主要指拥有同一个文件顺序号的各部分之间需要考虑的原则。各部分的结构一致，是指相同要素和层次的设置与否，章、条的编号、排列顺序，标题表述等宜尽可能一致。目前，国际上ISO、IEC和我们国家都将标准化文件中的要素"规范性引用文件""术语和定义"确定为必备要素就是贯彻结构一致性原则的具体做法。

2. 文体的一致

单个文件中或者拥有同一个文件顺序号的各个部分中，相同的条款宜使用相同的用语，类似的条款宜使用类似的用语。

3. 术语的一致

每个文件内，同一个概念宜使用同一个术语，避免使用同义词。

术语的一致包含两层含义：首先，在文件中应使用要素"术语和定义"中已经界定的术语。在现行有效的文件中，就出现了有些同款使用了已经界定的术语，但另一些条款又使用了同义词的问题。其次，即使按照规定有些术语未界定，文中的术语也宜保持一致。

4. 形式的一致

形式的一致通常包括以下方面。

（1）条标题　虽然条标题的设置可以根据文件的具体情况进行取舍，但是某一章或条中，其下一个层次中的各条有无标题要一致。

（2）列项或无标题条的主题　文件中的列项或无标题条，可以根据具体情况用黑体字表明主题。如果强调了主题，则某个列项的每一项，或某一条中的每个无标题条都需要强调。例如，GB/T 1.1—2020的7.3、8.3。

（3）图表标题　虽然文件中的图或表是否有标题是可以选择的，但是全文中有无标题要一致。

（二）协调性原则

起草的文件与现行有效的文件之间宜相互协调，避免重复和不必要的差异，为此：

——针对一个标准化对象的规定宜尽可能集中在一个文件中；

——通用的内容宜规定在一个文件中，形成通用标准或通用部分；
——文件的起草宜遵守基础标准和领域内通用标准的规定，如有适用的国际文件宜尽可能采用；
——需要使用文件自身其他位置的内容或其他文件中的内容时，宜采取引用或提示的表述形式。

为了达到文件系统整体协调的目的，在起草标准化文件时需要考虑以下四个方面。
（1）避免重复和不必要的差异；
（2）起草文件宜符合基础标准和领域内通用标准的有关条款；
（3）采用国际标准化文件；
（4）采用引用的方式。

（三）易用性原则

文件内容的表述宜便于直接应用，并且易于被其他文件引用或剪裁使用。
易用性原则主要涉及以下两个方面的内容。

1. 易于直接应用

需要遵守以下原则：
（1）各类要素要各司其职、各就各位；
（2）文件中的条款要便于直接使用。

2. 便于被其他文件引用以及被文件自身提示

为了文件内容易于引用或提示，编写文件时需要考虑以下三个方面的内容：
（1）单独文件或文件层次的设置；
（2）文件具体内容是否编号以及编号形式；
（3）避免悬置条、悬置段。

五、总体要求

起草文件时应在选择规范性要素的基础上确定文件的预计结构和内在关系。
为了提高文件的适用性和应用效率，确保文件及时发布，编制工作各阶段的文件草案在符合本文件规定的起草规则的基础上还应有以下几点：

——不同功能类型标准应符合GB/T 20001相应部分（表5-1）的规定；

——文件中某些特定内容应符合GB/T 20002相应部分（表5-2）的规定；

——与国际文件有一致性对应关系的我国文件应符合GB/T 20000.2（GB/T 20000.2现已被GB/T 1.2—2020《标准化工作导则　第2部分：以ISO/IEC标准化文件为基础的标准化文件起草规则》代替）的规定。

文件中不应规定诸如索赔、担保、费用结算等合同要求，也不应规定诸如行政管理措施、法律责任、罚则等法律法规要求。

表5-1　GB/T 20001《标准编写规则》的组成部分

序号	标准编号	文件名称
1	GB/T 20001.1—2024	标准编写规则　第1部分：术语
2	GB/T 20001.2—2015	标准编写规则　第2部分：符号标准
3	GB/T 20001.3—2015	标准编写规则　第3部分：分类标准
4	GB/T 20001.4—2015	标准编写规则　第4部分：试验方法标准
5	GB/T 20001.5—2017	标准编写规则　第5部分：规范标准
6	GB/T 20001.6—2017	标准编写规则　第6部分：规程标准
7	GB/T 20001.7—2017	标准编写规则　第7部分：指南标准
8	GB/T 20001.8—2023	标准起草规则　第8部分：评价标准
9	GB/T 20001.10—2014	标准编写规则　第10部分：产品标准
10	GB/T 20001.11—2022	标准编写规则　第11部分：管理体系标准

表5-2　GB/T 20002《标准中特定内容的起草》的组成部分

序号	标准编号	文件名称
1	GB/T 20002.1—2008	标准中特定内容的起草　第1部分：儿童安全
2	GB/T 20002.2—2008	标准中特定内容的起草　第2部分：老年人和残疾人的需求
3	GB/T 20002.3—2014	标准中特定内容的起草　第3部分：产品标准中涉及环境的内容
4	GB/T 20002.4—2015	标准中特定内容的起草　第4部分：标准中涉及安全的内容
5	GB/T 20002.6—2022	标准中特定内容的编写指南　第6部分：涉及中小微型企业需求

第二节 文件名称和结构

一、文件名称

文件名称的功能是简明清晰地反映文件最核心的信息。通过名称，文件使用者能够快速地了解文件的主要内容以及标准的类别和类型等文件的特征，包括：文件针对的标准化对象（对象类别）、所属的标准化领域（专业领域类别）、所要达到的目的（目的类别）和需要发挥的功能（功能类别）。标准名称不应涉及不必要的细节，必要的补充说明在范围一章中给出即可。

（一）名称的构成

文件名称最多由三段构成：引导元素、主体元素和补充元素，每段称为名称元素。在名称中这三个元素的顺序按照由一般到特殊排列，即：

（1）引导元素　可选元素，表示文件所属领域；

（2）主体元素　必备元素，表示上述领域内文件所涉及的标准化对象，反映文件的对象类别；

（3）补充元素　可选元素，表示上述标准化对象的特殊方面，或给出某文件与其他文件，或分为若干部分的文件的各部分之间的区分信息。

（二）名称的形式

文件名称的三元素中只有主体元素为必备元素，其他两个元素均可酌情取舍。故文件名称可能具有的形式如下：

（1）一段式　只有主体元素，例如"果蔬脆"；

（2）两段式　引导元素+主体元素，例如"制鞋机械　平式压底机"，主体元素+补充元素，例如"果酒　第2部分：山楂酒"；

（3）三段式　引导元素+主体元素+补充元素，例如"口腔清洁护理用品　牙膏中叶绿素铜钠盐含量的测定　高效液相色谱法"。

二、结构

（一）层次

按照文件内容的从属关系，可以从形式上将文件的内容划分为若干个层次。文件的层次使用部分、章、条、段、列项等形式。文件中实际所具有的层次及其设置应视篇幅的多少、内容的繁简而定。文件中至少要包含章、条、段三个层次，是文件的必备层次。文件可能的层次见表5-3。

表5-3　层次及其编号

层次	编号示例
部分	××××.1
章	5
条	5.1
条	5.1.1
段	[无编号]
列项	列项符号："——"和"·"；列项编号：a)、b)和1)、2)

注：资料来源于GB/T 1.1—2020。

（二）要素

为更好地搭建文件的结构，按照相关属性对文件中的要素进行划分，将有助于更好地发挥要素的作用，为进一步编写文件的内容打下良好基础。通常依据要素所起的作用和要素存在的状态对要素进行划分，如图5-1所示。

规范性要素中范围、术语和定义、核心技术要素是必备要素，其他是可选要素；资料性要素中封面、前言、规范性引用文件是必备要素，其他是可选要素。其中术语和定义、规范性引用文件的内容有无可根据具体情况进行选择。

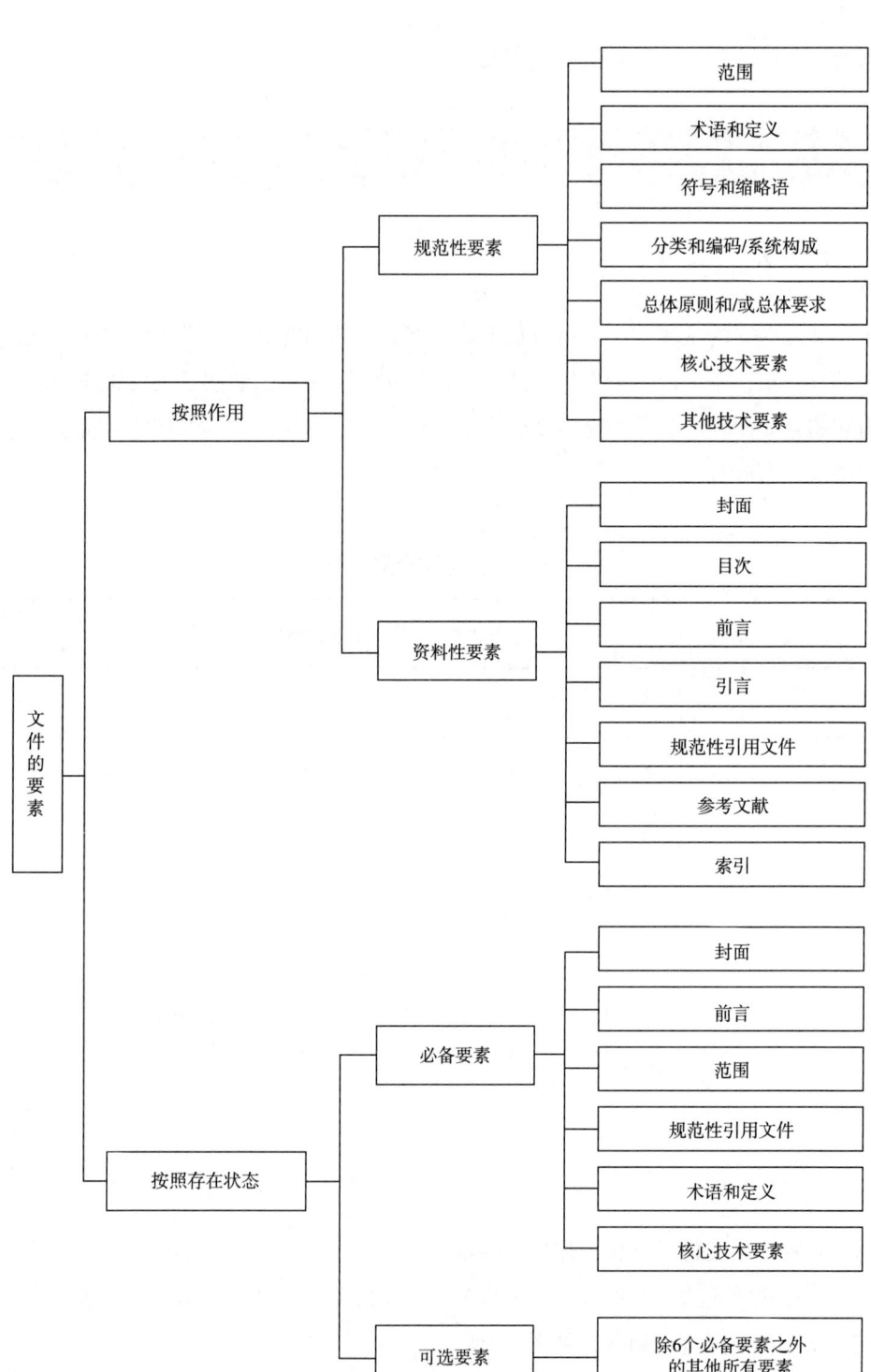

图5-1 文件中要素的分类

第三节 层次的编写

一、部分

（一）部分的划分

部分是一个文件划分出的第一个层次。一个文件的不同部分都有各自的部分编号，但是他们拥有同一个文件顺序号。文件分为部分后，每个部分可以分别编制、修订和发布，并与未分为部分的文件遵守同样的起草原则和规则。值得注意的是一个文件的若干部分所针对的应是同一个标准化对象。划分部分的总原则是提高文件的适用性，便于文件的使用。

（二）部分的编号

部分的编号应置于文件编号中的顺序号之后，使用从1开始的阿拉伯数字；部分编号与顺序号之间用下脚点相隔。例如GB/T××06.1、GB/T××06.2、GB/T××06.3，其中××06是文件的顺序号；"1""2""3"是部分编号，并不是文件顺序号的组成成分。与章条编号一样，部分编号是一项文件的内部编号，只不过被置于文件编号中。

由于部分不应再进一步细分成分部分，因此不应给予以下编号形式：GB/T××06.1.1、GB/T××06.1.2等。

（三）部分的名称

每个部分的名称中都应包含"第×部分："（×为使用阿拉伯数字的部分编号），后跟补充元素。每个部分名称的补充元素要反映出部分自身的特点。

二、章

章是文件正文中分出的第一个层次。章与正文中的要素是紧密相关的，通常将一个要素设置成一个章。单在一些特殊情况下，正文中的一些要素可以根据具体情况合并或拆分后形成章。某些章的内容过少，或者与其他章的内容有联系，可以考虑与其他章合并。某些章的内容较多，也可以考虑按照相应的规则拆分成若干章。

每一章均应有编号，编号后均应有章标题。从范围开始一直连续到附录之前。

三、条

条是章内有编号的细分层次。条的设置是多层次的，最多可分到第5层次。但是为了便于引用、叙述和检索，尽量不要将条划分过多的层次。

划分条的主要依据是内容明显不同，且同一层次中有2个或2个以上的条时才可设条。无标题条不应再分条，否则会出现"悬置条"，不便于引用或提示。

附录中可设条，用"A.1""A.1.1""A.1.2"……"A.2"等表示。

四、段

段是对章或条的细分，段与条最明显的区别就是它没有编号。为了不在引用或提及时产生混淆，不宜在章标题与条之间或条标题与下一层次条之间设段，即不宜出现"悬置段"。值得注意的是"术语和定义""符号和缩略语"中的引导语及"重要提示"不是悬置段。

此外，在化学分析试验方法中，在列出具体试剂之前，如适用，可给出"除非另有说明，在分析中仅使用……"的表述句式，即以"引导语+清单"形式给出试剂清单的方法，如图5-2所示，不做悬置段处理。

> **5 试剂及材料**
> 　　除另有规定外，所用试剂应均为分析纯。
> 5.1 乙酸乙酯。
> 5.2 α-溴代肉桂醛（CAS号：5443-49-2）：纯度≥99%。
> 5.3 1,3-丙烷磺酸内酯（CAS号：1120-71-4）：纯度≥95%。

图5-2 以"引导语+清单"形式给出试剂清单的示例

五、列项

列项是段中的子层次，用于强调细分的各项并列内容，它可以设置在文中的任意段或无标题条中。列项的设置可突出并列的各项，强调各项的先后顺序，同时便于引用列项中的各项。

列项可以细分为分项，但不宜超过两个层次。

列项应由引语和被引出的并列的各项组成。具体形式有两种：

（1）后跟句号的完整句子引出后跟句号的各项（见示例5-1）；

（2）后跟冒号的文字引出后跟分号（见示例5-2）或逗号（见示例5-3）的各项。

列项的最后一项均由句号结束。

示例5-1

> 导向要素中图形符号与箭头的位置关系需要符合下列规则。
> a）当导向信息元素横向排列，并且箭头指：
>   1）左向（含左上、左下），图形符号应位于右侧；
>   2）右向（含右上、右下），图形符号应位于左侧；
>   3）上向或下向，图形符号宜位于右侧。
> b）当导向信息元素纵向排列，并且箭头指：
>   1）下向（含左下、右下），图形符号应位于上方；
>   2）其他方向，图形符号宜位于下方。

示例5-2

> 有下列情形之一时应进行型式检验：
> a）原料、生产工艺、生产设备、生产环境发生较大变化可能影响产品质量时；
> b）停产3个月及以上恢复生产时；
> c）出厂检验结果与上次型式检验有较大差异时。

示例5-3

> 仪器中的振动可能产生于：
> ——转动部件的不平衡，
> ——机座的轻微变形，
> ——滚动轴承，
> ——启动负载。

列项可分为无编号列项和有编号列项。

若设置列项的目的仅是为了突出并列的各项，则使用无编号列项。其列项符号包括：适用于列项的第一层次各项之前的破折号（——）；或适用于列项的第二层次各项之前的间隔号（·）。

若设置的列项中的某些项需要识别或需要强调列项中各项的先后顺序，那么应使用有编号列项，其列项符号包括：适用于列项的第一层次各项之前的字母编号[后带半括号的小写拉丁字母，如a）、b）等]；或适用于列项的第二层次各项之前的数字编号[后带半括号的阿拉伯数字，如1）、2）等]。

编写列项时，需要注意以下问题：
——引语不应省略；
——条或段不应表述成列项的形式；
——引语引导的内容与列项中的内容应相符，内容不应相互重复。

第四节 要素的编写

一、规范性要素的编写

（一）范围

"范围"为必备的规范性要素，其内容通常由两个方面内容组成：其一，文件的标准化对象和所覆盖的各个方面，即概括文件的"主要技术内容"；其二，文件中的内容在哪用、给谁用、有什么用，即要界定文件的"适用界限"。范围不应包含要求、指示、推荐和允许型条款。

范围中根据文件功能类型或文件具体内容应从下列表述形式中选取适当的词语对其"主要技术内容"进行表述：

——本文件规定了……的要求、特性、尺寸、指示（要遵守、执行的，产品应符合的）；

——本文件确立了……的程序、体系、系统、规则、原则（与相互关联的系统有关的）；

——本文件描述了……的方法、路径；

——本文件提供了……的指导、指南、建议（具有方向性、倾向性）；

——本文件给出了……的信息、说明（中性，无倾向性）；

——本文件界定了……的术语、符号、界限（对概念划定界限，确定所属范围）。

文件适用界限的描述应使用下列适当的表述形式：

——本文件适用于……；

——本文件不适用于……（文件不适用的界限另起一段表述）。

1. 概括文件的"主要技术内容"

以产品标准为例，产品标准"范围"在阐述文件的主要技术内容时，对文件中技术要素的标题不宜仅进行简单的罗列，而是建议将标准中要素"要求"的内容进行梳理提炼后，再在单位中陈述，即表述为"本文件规定了……（以下简称'……'）的……要求，描述了相应的试验方法，规定了检验规则、标志、标签、使用说明、包装、运输、贮存和保质期的内容，同时给出了便于技术规定的产品分类和型号标记。"（文件中不涉及的内容略过即可）

示例5-4给出了适用典型表述形式，以及规定、描述了2个表述文件内容功能的词语并概括了文件的主要技术内容，并不是简单罗列规范性要素的标题。

示例5-4

> 本文件规定了竹盐的感官、理化指标、污染物限量等要求，描述了相应的试验方法，规定了检验规则、判定规则、标签、包装、运输和贮存的内容。

（选自QB/T 5682—2022《竹盐》，做了适当的改动）

2. 界定文件的"适用界限"

界定文件适用界限应陈述"文件中的规定有什么用、在哪儿用、给谁用"，不应陈述"文件针对的标准化对象有什么用、在哪儿用"或者"适用于标准化对象"。

示例5-5中，文件的标准化对象是"竹盐"，不正确的表述中将适用界限表述成了"适用于某标准化对象"。正确的表述则陈述了"文件中的规定用于标准化对象的生产、检验和销售"。

示例5-5

> 不正确：本文件适用于以食盐为原料，灌入新鲜竹筒后经高温共同烧制而成的竹盐。
> 正确：本文件适用于以食盐为原料，灌入新鲜竹筒后经高温共同烧制而成的竹盐的生产、检验和销售。

（选自QB/T 5682—2022《竹盐》，做了适当的改动）

（二）术语和定义

术语和定义是文件的必备要素。要素"术语和定义"的设置具有其特殊性，表现在两个方面：其一，该要素的章编号和标题的设置是必备的，即在任何文件中都应设有"3 术语和定义"；其二，该要素的内容（即术语条目）的有无可根据具体情况进行选择。

该规定使得文件的基本结构进一步趋向一致性，文件正文的前三章的章编号和标题都是一致的，依次为"1 范围""2 规范性引用文件""3 术语和定义"。

1. 需定义术语的选择

选择在此章中定义的术语需要同时满足以下4个条件。

（1）文件中使用且至少使用2次 若某个术语在文件的条文中只用到一次，则可在条文中出现该术语时做出解释，或在其后的括号中给出解释，也可在"注"中进行解释。

（2）专业使用者不易理解或在不同语境中理解不一致的术语 标准化文件是给相关专业人员使用的，在这个前提下文件中需要界定的术语应符合以下3点：①应是专业使用者不易理解的术语，即不是一看就懂或众所周知的术语；②在不同语境中有不同解释的术语；③无须定义通用词典中的词或通用的技术术语，除非将这些术语用于特定的含义。

（3）尚无定义或需要改写已有定义的术语 只有确认在现行术语标准中尚无定义或已有定义不完全适用时，才需要在非术语标准中给出定义。若改写现有标准中的定义，应在该定义后提示是改自其他定义的。

（4）属于文件范围所限定的领域内的术语 文件中使用了属于文件范围之外的术语，则不宜在文件的"术语和定义"中进行定义，可在使用该术语的条文中增加条文的注，说明该术语的含义。

2. 引导语和说明

术语和定义中，在给出具体的术语条目之前应有一段引导语。根据不同情况，可选以下引导语中的一种。

（1）文件中没有需要界定的术语和定义时，引导语为："本文件没有需要界定的术语和定义。"

（2）只有第3章界定的术语和定义使用时，引导语为："下列术语和定义适用于本文件。"

（3）若除其他文件界定的术语和定义适用，没有其他需要界定的术语和定义时，引导语为："……界定的术语和定义适用于本文件。"

（4）若除文件中界定的术语和定义外，其他文件中界定的术语和定义也适用，引导语为："……界定的以及下列术语和定义适用于本文件。"

3. 术语条目

术语条目至少应包括条目编号、术语、英文对应词、定义，根据需要还可以增加其他内容。术语和定义中通常术语条目最多包含的内容以及这些内容在术语条目中的先后顺序为：条目编号、术语、英文对应词、术语的定义、概念的其他表述形式（如图、数学公式等）、示例、注和来源等。术语条目的任何内容均不准插入脚注，且不应编排成表的形式。

（1）条目编号　术语条目的排列顺序由术语的条目编号来明确，每个术语条目均应有一个编号，只有一个术语条目也应有编号。值得注意的是，虽然术语的条目编号与章、条编号均由阿拉伯数字和下脚点组成，但他们是不同的编号。为显示其不同，在编排格式上，术语条目编号独占一行，而章、条编号与后面的标题或条的文字内容接排。

（2）术语　选择定义的术语应符合"1.需定义术语的选择"的规则。另外，由于表达具体概念的术语通常可由表达一般概念的术语组合而成，所以在选择需定义的术语时宜尽可能界定表示一般概念的术语，而不是界定表示具体概念的组合术语。

当有许用术语时，应置于首选术语之后。多个许用术语要按照选用程度排序，每个许用术语另起一行。

（3）英文对应词　除专用名词外，英文对应词全部使用小写字母，名词为单数，动词为原形。

（4）定义　定义的表述宜在上下文中代替其术语，即如果文件中使用了该术语，假如将其定义移到文中替换其术语，在阅读上应没有任何障碍。因此，在定义时，要注意避免下列错误：

①定义中重复术语；

②定义中用"它""该""这个"等代词开头；

③定义中使用"指""是""是指""表示"。

定义既不应写成要求的形式，也不应包含要求型条款。同时定义中不应包含附加信息，若包含则会产生定义不能在文中代替术语的问题，需要时附加信息应仅以注或示例的形式给出。

（5）来源　在特殊情况下，如确需抄录或改写其他文件中的少量术语条目，应在条目之下准确标明来源，具体方法为：在方括号中写明"来源：文件编号，条目编号"（见示例5-6）或"来源：文件标号，条目编号，有修改"（见示例5-7）。

示例5-6

标准化文件 standardizing document
通过标准化活动制定的文件。
［来源：GB/T 20000.1—2014，5.2］

示例5-7

指示 instruction
表达需要履行的行动的条款。
［来源：GB/T 20000.1—2014，9.3，有修改］

（三）符号和缩略语

"符号和缩略语"在非符号标准中是可选要素。设置此要素可提高文件的易用性，是为文件自身服务。这一要素的内容主要由"引导语+带有说明的符号和/或缩略语清单"构成。根据编写的需要，该要素还可并入"术语和定义"一章，这时可将术语、符号和缩略语放在一个复合标题下。

1. 引导语

在"符号和缩略语"这一章的章标题下，应根据列出的符号和缩略语的具体情况，由下列恰当的引导语引出清单：

"下列符号适用于本文件。"（如果该要素列出的符号适用时。）

"下列缩略语适用于本文件。"（如果该要素列出的缩略语适用时。）

"下列符号和缩略语适用于本文件。"（如果该要素列出的符号和缩略语适用时。）

2. 清单和说明

该要素无论是否分条，清单中列出符号或缩略语宜按下列规则以字母顺序列出：

（1）大写拉丁字母置于小写拉丁字母之前（A、a、B、b等）；

（2）无角标的字母置于有角标的字母之前，有字母角标的字母置于有数字角标的字母之前（B、b、C、C_m、C_2、c、d、d_{ext}、d_{int}、d_1等）；

（3）希腊字母置于拉丁字母之后（Z、z、A、$α$、B、$β$、$Λ$、$λ$等）；

（4）其他特殊符号置于最后。

由于字母本身是有先后顺序的，按照字母顺序很容易找到相应的符号或缩略语，因此该章或分条中清单里的"符号和缩略语"之前均无需给出序号。

符号和缩略语的说明或定义宜使用陈述型条款，不应包含要求和推荐型条款。

在具体编写时，每个"符号"或"缩略语"通常另起一行空两字编排，其后空一个汉字或用冒号（：）、破折号（——）与其相应的含义或说明相连。对于缩略语清单，也可在说明之后给出缩略语对应的外文，当需要回行时，与上一行的含义或说明的第一个字对齐。

3. 推荐使用外语词中文译名

自2013年9月起至今，由国家语言文字工作委员会牵头的外语中文译写规范部际联席会议专家委员会先后发布了十五批推荐使用外语词中文译名，推荐在社会生活各个领域使用规范的外语词缩略语及中文译名。详见http：//www.moe.gov.cn。

（四）分类和编码/系统构成

"分类和编码/系统构成"是一个可选要素。根据需要，在非分类标准中可能会包含要素"分类和编码"，在编制系统标准时可能会包含要素"系统构成"。

"分类和编码/系统构成"的编写应采用陈述型条款表述，服务于文件中的核心技术要素的需要。在标准化对象为产品的情况下，根据产品的属性，"分类和/或编码"尽可能采用系列化的方法进行分类。

1."分类和/或编码"的编写

要素"分类和/或编码"可单独作为一章,也可并入文件核心技术要素中。若作为单独的章,宜根据具体内容以"分类和命名""分类和编码""分类、编码和标记"作为章标题。若并入文件核心技术要素中,则宜在章标题中体现"分类""编码""代码"等词语。

2."系统构成"的编写

要素"系统构成"可单独作为一章,也可并入文件核心技术要素中。当其作为单独的章编写时,结合具体文件中核心技术要素编写的需要,可给出分系统/组成单元的名称、功能等内容。章标题可使用"系统构成""系统组成""系统结构"等。若并入文件核心技术要素中,则宜在章标题中体现"系统构成""系统组成""系统结构"等词语。

(五)总体原则和/或总体要求

要素"总体原则和/或总体要求"是可选要素。若需要在文件中设置该要素,根据具体情况,可设置成"总体原则""总则"或"总体要求",或者设置成"总体原则和要求""原则和总体要求"等。

1. 总体原则

若需在文件中设置该要素,应通常位于文件的核心技术要素之前。若文件中包含要素"总体要求",则应位于"总体要求"之前。

该要素通常在指南标准,或者在以"……原则与要求""……规则""……总则"等为文件名称的标准化文件中设置。根据具体情况,该要素可用"总体原则""总则""原则"等作为标题。

总体原则中的内容是提供宏观的指导、方向性的框架和准则,其目的不是让使用者机械地遵守、执行,不是提出要求,也不是作指示,因此这一要素应使用陈述型或推荐型条款,不应包含要求型或指示型条款。

2. 总体要求

若需要在文件中设置该要素,通常位于文件的核心技术要素之前,要素"总体原则"(若有)之后。

总体要求可有两方面的功能：其一，用来规定涉及正体文件的要求；其二，规定文件随后的多个要素均需要规定的要求。文件中若需要在两章或多于两章中规定相同的要求，则需考虑将它们在"总体要求"中统一表述。

总体要求中的内容，应是使用者能够直接遵守的要求或可操作的指示，或通过其后的具体要求让使用者能够直接遵守或操作的，因此总体要求的表述应使用要求型条款。

（六）核心技术要素

核心技术要素是各种功能型标准的标志性要素，它是表述标准特定功能的要素。起草不同功能类型的标准首先要编写其中的核心技术要素，标准的功能类型不同，核心技术要素就会不同。各种功能类型标准的核心技术要素以及所使用的条款类型应符合表5-4的规定。各种功能类型标准的核心技术要素的具体编写应遵守GB/T 20001相应部分的规定。

表5-4 各种功能类型标准的核心技术要素以及所使用的条款类型

标准功能类型	核心技术要素	使用的条款类型
术语标准	术语条目	陈述性条款
符号标准	符号/标志及含义	陈述性条款
分类标准	分类和/或编码	陈述、要求型条款
试验标准	试验步骤 试验数据处理	指示、要求型条款 陈述、指示型条款
规范标准	要求 证实方法	要求型条款 指示、陈述型条款
规程标准	程序确立 程序指示 追溯/证实方法	陈述型条款 指示、要求型条款 指示、陈述型条款
指南标准	需要考虑的因素	推荐、陈述型条款

注：如果标准化指导性技术文件具有与表中规范标准、规程标准相同的核心技术要素及条款类型，则该标准化指导性技术文件为规范类或规程类。

二、资料性要素的编写

（一）封面

"封面"是一个必备的资料性要素，每一个文件都应有封面。封面的功能是提供标明文件的信息。

1. 封面标明的各类信息

在任何标准化文件的封面中均应标明以下8个必备信息：

①文件名称；

②文件的层次或文件的类别（如"中华人民共和国国家标准""中华人民共和国轻工行业标准"等字样）；

③文件代号（如"GB""QB"等）；

④文件编号；

⑤国际标准分类号（ICS）；

⑥中国标准文献分类号（CCS）；

⑦发布日期和实施日期；

⑧发布机构等。

根据文件的具体情况，文件封面中还需标明以下信息：

——文件名称的英文译名；

——与国际文件的一致性程度标识；

——被代替文件的编号；

——征集文件是否涉及专利的信息。

2. 编写封面需注意的常见问题

（1）文件名称的英文译名

为了便于国际贸易和对外技术交流，在国家标准化文件和行业标准化文件封面上的文件名称之下应标明对应的英文译名。英文译名的编写需要符合以下规则。

①英文译名要以中文的文件名称为基础，在保证原意完整和准确的基础上，不必按照中文的文件名称逐字翻译。当术语和定义中对标准化对象有定义时，其英文应与封面中的英文保持一致；

②英文译名宜从相应国际、国外文件的名称或英文译名中选取；

③我国的标准化文件名称各要素之间空一个汉字的间隔,对应的英文译名的各要素间以一字线形式的连接号(—)相连。文件名称的各元素的第一个单词的首字母应大写,其他单词的字母小写(需要大写的专用名称除外)。

(2)被代替文件的编号

如果所起草的文件代替了同层次的某个或某几个文件,则应在封面中的文件编号之下另起一行标明被代替文件的编号。封面中标示的被代替文件编号不应超过一行。如果被代替的文件较多,标示被代替文件编号超过一行,那么可列出主要被代替文件,并在文件编号后加上"等"字,具体被代替情况在前言中说明"文件与代替文件的关系"时给出。

(二)目次

"目次"是一个可选的资料性要素,是否设置目次要根据文件的具体需要决定,若设置,则使用"目次"作为标题,将其置于封面之后。

根据所形成的文件的具体情况,应依次对下列内容建立目次列表:

(1)前言;

(2)引言;

(3)章编号和标题;

(4)条编号和标题(带标题的,需要时列出);

(5)附录编号,"(规范性)"/"(资料性)"和标题;

(6)附录条编号和标题(需要时列出);

(7)参考文献;

(8)索引;

(9)图编号和图题(带标题的,含附录中的)(需要时列出);

(10)表编号和表题(带标题的,含附录中的)(需要时列出)。

上述各项内容后还应给出其所在的页码。电子文本的目次宜自动生成,避免手工编辑目次造成的遗漏、错误等现象,同时方便对目次进行及时更新。

由于术语条目不属于"条",术语也不是条的标题,因此在目次中不应列出"术语和定义"中的条目编号和术语。

(三)前言

"前言"是必备的资料性要素,它是对文件自身内容之外的事项进行说明。作为资料性要素，前言中不应包含要求、指示、推荐或允许型条款。

前言应根据具体情况从下列事项中进行选择，并按照顺序进行编写。

（1）文件起草所依据的标准；

（2）文件与其他文件的关系；

（3）文件与代替文件的关系；

（4）文件与国际文件的关系；

（5）尚未识别出文件涉及专利的说明；

（6）文件的提出信息（可省略）和归口信息；

（7）文件的起草单位和主要起草人；

（8）文件及其所代替或废止的文件的历次版本发布情况。

前言中上述各事项的内容及表述如下。

（1）文件起草所依据的标准

具体表述为"本文件按照GB/T 1.1—2020《标准化工作导则　第1部分：标准化文件的结构和起草规则》的规定起草。"

（2）文件与其他文件的关系

通常涉及两方面的内容：其一，与其他文件的关系，如几个文件构成了支撑某项工作、某个事项的标准体系，则可在前言中说明；其二，分为部分的文件需说明所属的部分和列出所有已经发布的文件名称。

（3）文件与代替文件的关系

如果正在起草的文件是在前一个或几个版本的基础上修订形成的新版本，应在前言中陈述文件与代替文件的关系。

①给出被代替、废止的所有文件的编号和名称

值得注意的是，一个文件宜代替或废止先前文件的全部内容，不宜仅代替或废止先前文件的部分内容。

②列出与前一版本相比的主要技术变化

在指出了被代替或废止的文件之后，应给出当前版本与先前版本相比的主要技术变化。通常表述有：

——"增加了"新的技术内容（给出当前版本所涉及的有关章条或附录）；

——"更改了"先前版本中的技术内容（给出所涉及的当前版本和先前版本的有关章条或附录）；

——"删除了"先前版本的技术内容（给出先前版本所涉及的有关章条或附录）。

值得注意的是，如果当前版本与先前版本的文件顺序号发生了变化，则提及先前版本

时应给出先前版本的顺序编号。在前言中陈述与先前版本的技术变化时，也需给出先前版本的顺序号。

③文件与国际文件的关系

若所编制的文件与ISO或IEC国际标准化文件存在一致性对应关系（等同、修改或非等效），则应在前言中按照GB/T 1.2《标准化工作导则　第2部分：以ISO/IEC标准化文件为基础的标准化文件起草规则》的有关规定陈述相关信息。

④尚未识别出文件涉及专利的说明

如果在起草文件的过程中尚未识别出文件涉及专利，那么应在前言中给出说明"请注意本文件的某些内容可能涉及专利。本文件的发布机构不承担识别专利的责任。"（轻工行业标准项目暂不写这句话）。

⑤文件的提出信息（可省略）和归口信息

在给出文件的提出、归口等信息时，对于涉及的任何部门、全国专业标准化技术委员会或单位都应给出准确的全称。对于全国专业标准化技术委员会提出或归口的文件，应在相应的技术委员会名称之后给出其国内代号（除顺序号在6000~7999的轻工行业标准化，其余轻工行业标准的提出单位统一为"中国轻工业联合会"）。

⑥文件的起草单位和主要起草人

文件的起草单位通常为文件的起草工作组的成员所在的单位，标准化文件的起草单位应多于一个单位。在给出文件的起草单位信息时，对于涉及的任何部门、单位都应给出准确的全称（国家标准要求，起草单位要有对应的组织机构代码）。同时起草人的名称，也应准确无误。值得注意的是，按照《强制性国家标准管理办法》的规定，强制性国家标准的前言中不给出文件起草单位和起草人信息。

⑦文件及其所代替或废止的文件的历次版本发布情况

此事项的说明，一方面可让该文件的使用者对文件的发展及变化情况有一个全面的了解，另一方面也给今后文件的修订提供了方便，使参加文件修订的人员能够准确地掌握文件各版本发布的情况，检索到相关的文件，从而全面了解文件的背景信息，更好地支撑新文件的起草。

一个新文件与其历次版本的关系存在各种情况：有时很简单，例如从首次发布到当前版本只是单一文件的几次修订；有时情况较为复杂，例如，文件在历次修订过程中，有时将其他文件并入，有时将文件分为部分，还有时在修订过程中代替了两个或两个以上的文件等。无论是哪种情况，在给出这项信息时，建议按照GB/T 1.1的格式。

（四）引言

"引言"是可选的资料性要素，但是分为部分的文件的每个部分或文件的某些内容涉及了专利均应设置引言。

如需设置引言，则应置于前言之后，正文之前，且不应给出章编号。引言中可有条编号，编为0.1、0.2等。引言中如果有图、表、数学公式，均应使用阿拉伯数字从1开始对其进行编号，正文中相应的图、表、数学公式的编号顺延。

引言中通常包含的内容如下：
（1）编制文件的原因和目的；
（2）文件涉及的技术的特殊信息或说明；
（3）分为部分的原因以及各部分之间的关系；
（4）已经识别出涉及的专利的说明（如果相关说明较多，可移作附录）。

等同采用的系列标准，原文中没有引言，转化后也应按要求增加引言，说明各部分的原因以及各部分之间的关系。

文件中引言的表述要与其他要素相区别，一方面要准确恰当地表述引言的内容，另一方面不应包含要素"范围"中的内容，也不应规定要求。

（五）规范性引用文件

"规范性引用文件"是必备的资料性要素，在文件中应设置为第2章，其内容由引导语和文件清单构成，且不分条。

一个文件是否列入规范性引用文件是由在文件中引用该文件时的表述形式决定。换句话说，只有文件条款中规范性地引用了某文件，该文件才是规范性引用文件，进而列入第2章。

设置第2章的目的是提供一个资料性的信息——文件清单，让文件使用者更加便利地使用文件。

1. 引导语和说明

规范性引用文件一章中，如果文件中规范性引用了其他文件，则引导语应在标题之下给出：

"下列文件中的内容通过文中的规范性引用而构成本文件必不可少的条款。其中，注日期的引用文件，仅该日期对应的版本适用于本文件；不注日期的引用文件，其最新版本

（包括所有的修改单）适用于本文件。"

首先，引导语提示该章列出的文件中的内容构成了文件必不可少的条款，如果缺少了这些文件，引用它的文件就不完整，就不能被顺利、无障碍地应用。其次，引导语指出了与被引用文件的版本有关信息，即被引用的文件是否应注日期。对于不注日期的引用文件，如果最新版本未包含所引用的内容，那么包含了所引用内容的最后版本适用。

如果不存在规范性引用文件，则应在章标题下给出说明：

"本文件没有规范性引用文件。"

2. 引用文件清单

引用文件清单中值得注意以下内容。

——规范性引用文件在引用时，其引用方式可分为"注日期引用"和"不注日期引用"两种。有下列情况时，引用标准必须注日期：

- 提及了标准内容的具体编号（章、条、附录、图、表等的编号）。
- 不能确定是否能够接受所引用标准将来的所有变化。

——不注日期引用文件的所有部分时，应给出"文件代号、顺序号"和"（所有部分）"以及文件名称中的"引导元素（若有）和主体元素"。

——引用国际文件、国外其他出版物，应给出"文件编号"或"文件代号、顺序号"以及"原文名称的中文译名"，并在其后的圆括号中给出原文名称。

——国家标准化文件、ISO或IEC标准化文件按文件顺序号排列；行业标准化文件、地方标准化文件、团体标准化文件、其他国际标准化文件先按文件代号的拉丁字母和/或阿拉伯数字的顺序排列，再按文件顺序号排列。

——规范性引用文件清单中应先排国内标准化文件，然后排国际标准化文件，最后再排其他国内、国际文献[对于其他国内、国际文献排序，按照GB/T 1.1—2020中8.6.3.1规定，应遵守GB/T 7714《信息与文献参考文献著录规则》，如采用顺序编码制（按在正文部分标注的序号依次列出）或著者-出版年制（首先按文种集中，可分为中文、日文、西文、俄文、其他文种五部分，再按照著者字顺和出版年排列。中文文献可按著者汉语拼音字顺排列，也可按著者笔画笔顺排列）]。

在编写规范性引用文件一章内容时，避免规范性引用文件不准确（作废版本、标准号有误）；规范性文件清单和正文规范性引用的文件不一致等问题。

（六）参考文献

"参考文献"是可选的资料性要素，但是当文件中有资料性引用的文件时，则应设置该要素，并置于最后一个附录之后。

参考文献中需列出文件中资料性引用的文件和文件起草过程中依据或参考的文件。

清单中的每个参考文献前应给出文件序号，文件序号由带方括号的阿拉伯数字组成，即[1]、[2]、[3]……。清单中所列的内容及其排列顺序以及在线文献的列出方式等均与规范性引用文件清单的规定相一致（这里注意区别于论文参考文献的列出方式，即按行文中有对应参考文献的内容的出现顺序排列参考文献，同时不必也不应在文件中相应位置以上角标的形式标出对应参考文献的序号）。

文件清单中若列出国际、国外标准化文件，可直接给出原文件名称，不必翻译后给出中文译名，这是不同于规范性引用文件一章中对列出国际、国外文件的规定。

（七）索引

"索引"是可选的资料性要素，当需要设置时应作为文件的最后一个要素。

编写索引，首先要分析文件中的规范性要素，找出使用者需要查找的关键词，然后以关键词作为索引标目进行检索，建立起关键词与文件的章条、图表编号的对应关系，从而实现对文件相关内容的检索。电子文本的索引宜自动生成。

索引与目次的功能不同，为了便于通过关键词查找相应的内容，索引项的编排顺序要以关键词的汉语拼音字母顺序编排，不应按照条文中章条次序或表中的编号次序进行编排。

术语标准中的术语包含了首选术语和许用术语，由于各类术语的字体不同，为了便于区分，索引中的术语和条目中的术语的字体应相同，也就是索引中的条目编号、首选术语及其对应词使用黑体，其他使用宋体。

术语标准中除了应编排术语的汉语拼音索引外，通常还包含术语的外文对应词索引。各类外文对应词索引中的各索引项应按照各语种的字母顺序编排前后顺序。当索引中包含了其他语言文字的索引时，应在每种语言文字的索引之间空行，但不应分页。

# 第五节 要素的表述

一、要素内容的表述

（一）条款

要素是由要求、指示、推荐、允许和陈述五种类型的条款构成。

表5-5给出了表述不同类型的条款使用的句子语气类型、能愿动词，表中还列出了能愿动词对应的等效表述。只有在特殊情况下，例如由于条款所处的语境，上、下文的衔接等语言的原因不能或不宜使用首选能愿动词时，才可使用表中列出的能愿动词的等效表述。

表5-5　各类条款使用的句子语气类型、能愿动词及等效表述

条款		能愿动词或句子语气类型	在特殊情况下使用的等效表述
要求		应	应该、只准许
		不应	不应该、不准许
指示		祈使句	—
推荐		宜	推荐、建议
		不宜	不推荐、不建议
允许		可	可以、允许
		不必	不可以、不允许
陈述	能力	能	能够
		不能	不能够
	可能性	可能	有可能
		不可能	没有可能
	一般性陈述	陈述句，典型用词，是、为、由、给出等	—

要求型条款助动词"不应"不应用"不可""不得""禁止"等词代替,"应"不应用"必须"代替。

(二)附加信息

附加信息是附属于文件中的条款的信息,仅对理解或使用文件起辅助作用。附加信息及其表述见表5-6。

表5-6 附加信息及其表述

附加信息	表述
示例/例如 注、条文脚注 清单/列表 事实/信息陈述	应表述为事实的陈述,不应包含要求、指示、推荐或允许型条款 典型句子语气类型:陈述句 典型用词:见

示例不应包含对文件应用必不可少的内容,即不应将需要作为条款规定的内容,在示例中给出或者以示例的形式出现。示例是依附于条款的附加信息,因此不宜将示例单独设置为文件正文的条,更不应设置为章。

例如是简单的举例方式,它位于章条中,与条款融合在一起。

注中不应包含表述要求、推荐、允许型条款所使用的能愿动词及其等效表述,也不应使用祈使句。即需要在文件中规定的内容,不应使用"注"的形式给出。按照在文件中所处的文职,可以将注分为如下几种形式:条文中的注、术语条目中的注、图中的注或表中的注。

除术语条目外,脚注可以出现在文件条文中的任何地方。根据所处的位置,文件中的脚注可分为条文脚注、图脚注和表脚注。

——条文脚注与注不同,其功能为针对文件条文中的某个词、句子、数字或者符号等给出解释、说明等附加信息。且其不应包含表述要求、推荐、允许型条款所使用的能愿动词及其等效表述,也不应使用祈使句。在文件中宜尽可能少地使用条文脚注。其编号形式为后带半括号从1开始的阿拉伯数字,即1)、2)、3)等。

——图表脚注除给出附加信息之外,还可包含要求型条款。规定了要求的图脚注、表脚注属于规范性内容。图表脚注的编号应使用从"a"开始的上标形式的小写拉丁字母,即[a]、[b]、[c]等。

清单或列表通常存在于资料性要素中，包括："规范性引用文件"和"参考文献"中的文件清单和信息资源清单，"目次"中的目次列表和"索引"中的索引列表等。

（三）通用内容

文件中某章/条的通用内容宜作为该章/条最前面的一条。根据具体的内容，可用"通用要求""通则""概述"作为条标题。其中，通用要求均应使用要求型条款；通则使用的条款中应至少包含要求型条款，还可包含其他类型的条款；概述应使用陈述型条款，不应包含要求、指示或推荐型条款。

二、条文

（一）常用措辞的使用

为了使文件中的意思表述得更加准确，特别是规范性要素的内容表述得更加准确，对于要求型条款使用的措辞做了更明确的表述。针对产品、过程或服务特性要达到要求，使用"符合"，即需要"物"达到的；针对人员或组织的行为要达到要求，使用"遵守"，即需要"人"做到的。

要求型条款中不应使用"尽可能""尽量"等表达努力方向的措辞，更不应与"应"搭配使用。

"通常""一般""原则上"等的指向是主要情况，保留了例外情况。不应与"应"搭配使用，可与"宜"搭配，例如"通常宜""一般宜"等，表示建议；也可用于陈述主要情况。

"考虑""优先考虑""充分考虑""避免""慎重"是存在于人头脑中的意识，无法证实，不应与"应"等要求型条款配合使用。可与"宜"搭配使用，如"宜考虑"等；可用"不宜"代替"避免"，表示建议。

常见文字差错举例：多字、漏字、颠倒字等［如声呐（纳）、文（义）件、设（没）备、分辨（辩）率、直径（经）、拓扑（拓补）、因（囚）子、甲基环己（乙）烷、算术（数）平均值、二极（级）管、芽孢（胞）杆菌、伏（福）特、矫（校）正视力、活性炭（碳）、螯（鳖）合剂、竞争秩序（只需）、新疆维吾尔（族）自治区、勒克斯（司）、马耳（尔）他十字等］。

注：括号中的为别字。

（二）全称、简称和缩略语

全称和简称是指中文之间的省略关系。缩略语是指外文中相对于完整形式的缩写形式。

如果针对文件中较长的需要重复使用的词语或短语给出简称，那么在正文中第一次使用该词语或短语时，应在该词语或短语后的圆括号中给出简称，以后则应使用简称。

对于组织机构的全称和简称，应使用该机构正在使用的全称和简称（或原文缩写）。

缩略语的使用宜慎重，只有在不引起混淆的情况下，且在文件中随后需要多次使用时，才应规定并使用缩略语。如果在文件中未给出缩略语清单，但需要使用拉丁字母的缩略语，则在正文中第一次使用时，应给出缩略语对应的中文词语或解释，并将缩略语置于其后的圆括号中，以后则使用缩略语。

（三）数与数值的表示

任何数，均应从小数点符号起，向左或向右每三位数字为一组，组间空四分之一个汉字的间隙，单表示年份号的四位数除外。

运算符号：乘号（×）应用于表示以小数形式写作的数和数值的乘积、向量积和笛卡尔积；乘号（·）应用于表示向量的无向积和类似的情况，还可用于表示标量的乘积及组合单位。在一些情况下，乘号可以省略。

省略乘号的情况如下所示：

a）字母与字母相乘时；

b）字母与数相乘时（数要写在字母前面）；

c）两个相同的数或字母相乘写成平方形式时。

数字用法使用差错案例：

——数值范围表示不规范："20±1°"应改为"（20±1）°"或"20°±1°"；"10d±5%"应改为"10d（1±5%）"等。

——未使用科学记数法等。

（四）尺寸和公差

尺寸是一个物理量，每个尺寸的"量"都应包含"数值和单位"，特别注意在几个尺寸相乘或相加时，每个尺寸的单位不应省略。

公差可采取和差形式或角标形式表示。如果所表示的量为量的和差形式，则应将数值用括号括起来,将共同的单位符号置于全部数值之后,例如:$t=(25±2)$℃。如果所表示的量为量的角标形式,当量的中心值和公差值的单位一致时,可将共同的单位符号置于全部数值之后,例如:80^{+2}_{0} mm。当量的中心值和公差值的单位不一致时,可将不同的单位符号分别置于感应数值之后,例如:80 mm$^{+50}_{-25}$ μm。没有固定中心值的情况下,公差还可以用数值范围表示,例如:0℃~10℃。

为避免误解,百分率的公差应以正确的数学形式表示。用百分号表示的公差,应特别注意区别绝对误差还是相对误差。例如,"π(70±2)%"表示具有中心值的绝对误差,"70%,具有±2%的相对误差"则表示相对误差。

符号"~"一般表示物理量量值的范围,有时也可表示没有固定中心值的公差的范围,呈现为比较窄的一个量值的范围。从概念上两者不同,不应混淆。"+""-""±"用于表示物理量量值范围的上下限或偏差方向时,应紧接数值,不应留半个汉字空格。

物理量的符号不但出现在"公式、图、表"中,也出现在条文中。要注意识别和区分(特别是同符不同义的单位、代号、型号……),且用斜体字标出,以示区别。

(五)量、单位及其符号

选用(或定义)量的符号,优先选用法定通用符号,而后再定义专业领域的特殊符号。

使用混合单位时,单位符号和单位名称不应混合使用,例如"km每小时"是错误的,应表示为"km/h"。表示带有单位的数值时,不应将汉字与单位符号混用,例如"六m"是错误的,用单位名称表示应为"六米",用单位符号表示应为"6 m"。不应将单位符号和其他信息混用,例如"含水量40 mL/kg"不应写作"40 mL水/kg","单位为毫克氢氧化钾每克(mgKOH/g)"应写为"单位为毫克每克(mg/g)"等。

单位符号应使用正体,变量的符号应使用斜体。数值和单位符号之间应有半个汉字空格(℃、%、° 不空格),除非单位符号已构成空隙。当表示范围区间、公差或数学关系时,要确保单位的使用无歧义,例如写作"5 ℃~10 ℃",不写作"5~10℃"。

数值范围表示也应规范,符号"~"包含两端的边界值,在文件中边界值不应重复,容易引起歧义。

量和单位不规范的案例:

——量和单位使用不规范:"15%(质量/体积)"应改为"150g/L","以海里(nm)为单位"应改为"以海里(n mile)为单位","分钟"应改为"分"等;

——使用非法定计量单位:"里斯(cSt)"应换算为"二次方米每秒(m^2/s)","毫巴(mbar)"应换算为"帕(Pa)"等;

——使用废弃的量和单位:"摩尔浓度"应改为"浓度"或"物质的量浓度","V/V""体积含量"应改为"体积分数","烛光"应改为"坎德拉"等。

三、引用和提示

起草文件时引用或提示现行有效文件或自身文件中的所需内容,可以避免重复造成文件间或文件内部的不协调、应抄录造成的文件篇幅过大、抄录错误等问题。

(一)提及文件自身或文件中的具体内容

在文件中需要提及文件自身时,应表述为"本文件……",不应称呼文件的功能类型,如"本规范""本规程""本指南"等。

提及文件中不同内容时,有以下几种表述形式:

——提及章或条:"第4章""5.2""6.5.1""A.1""C.4.2";
——提及列项:"6.2.3 b)""4.1 b)中的3)";
——提及段:6.2中的第二段;
——提及附录:"附录C";
——提及图或表:"图1""表3";
——提及数学公式:"公式(2)""5.2,公式(3)";
——提及示例:"示例3""6.4.2的示例1";
——提及注:"注2""7.2的注2""表2的注"。

(二)被引用文件的限定

对于不能公开获得的文件、尚未发布或出版的文件及已被代替或废止的文件,不应被标准化文件所引用。另外,标准化文件中也不应规范性引用法律、行政法规、规章和其他政策性文件,也不应普遍性要求符合法规或政策性文件的条款。

(三)规范性或资料性引用的表述

1. 规范性

在引用其他文件时,以下表述形式属于规范性引用:

——任何文件中，由要求型或指示型条款提及文件；

——任何文件中，由"按照""按"提及试验方法类文件；

——指南标准中，由推荐型条款提及文件；

——任何文件中，在"术语和定义"中由引导语提及文件。

规范性引用其他文件需注意的问题：

——做好资料收集检索工作，充分利用现有标准化成果；

——时刻关注所引文件的版本变化，引用现行有效版本；

——标准化文件发布后需留意注日期引用文件的最新版本变化，研究其适用性。

规范性提示应使用适当的能愿动词或句子语气类型提及文件内容的编号。例如"……应符合6.2.1中的相关规定。""……按照5.2规定的测试程序……"等。

2. 资料性

除1中提及的表述形式引用其他文件外，均属于资料性引用。表述形式有：

——"……的信息见GB/T ××××。"

——"……GB/T ××××中给出了进一步的说明。"

资料性提示，应使用"见"提及文件内容的编号。

四、要素内容的其他表述形式

（一）图和表

1. 图和表的编排规则

标准中每个图（表）均应在条文中明确提及，并都应有编号。

图和表从引言直到附录前顺序编号，编号从1开始，只有一幅图，一个表时，仍需编号。

——附录中的图、表编号不与正文顺接，而是按其所在的附录A（或附录B等），从图A.1（或图B.1）、表A.1（或表B.1）顺排，以此类推。

图和表的转页接排应重复图、表编号，后接"（续）"或"第#页/共*页"，且应重复"关于单位的描述"。

标准中的图有无图题应统一，且宜设图题。

标准中的表有无标题应统一，且宜设表题。

2. 编排顺序

图：标引序号说明、段、注、脚注。

表：段、表注、表的脚注。

3. 图和表需注意的问题

图注不应包含要求，图的脚注可包含要求。

表中不应有表，也不应将表再分为次级表。

表头不应出现斜线。

表注不应包含要求，表的脚注可包含要求。

4. 图和表的错误案例

——图、表内容和条文描述不一致；

——图和描述文字内容矛盾；

——表和前后文内容不一致；

——图、表未提及；

——图、表中英文单词未翻译等。

（二）数学公式

公式应以正确的数学形式表示。公式只能用量的符号来表示，不使用量的名称或描述量的术语表示。

一个文件中同一个符号不应既表示一个物理量，又表示其对应的数值。且同一个符号不宜代表不同的物理量，可使用下标区分。

公式中的符号应在公式后随即对其含义作出解释，同时给出适用于量的单位名称。数学公式编号应从引言开始，一直连续到附录之前，不应将数学公式进一步细分。

（三）附录

在GB/T 1.1—2020中，附录不再是文件的一种要素，而是作为要素的一种表述形式。附录的内容源自正文、前言或引言，是对其内容的补充或附加。附录的设置一方面可以使文件的结构更加平衡；另一方面通过附录可以更好地设置条文的层次和展示条文的内容。

附录应在文中被指明并明确其作用，且按照在文中被指明的顺序排列。

凡在文件中使用下列表述形式指明的附录属于规范性附录：

——任何文件中，要求型条款或指示型条款；

——指南标准中，推荐型条款；

——规范标准中，由"按"或"按照"指明的试验方法附录。

其他表述形式指明的附录均属于资料性附录。

值得注意的是，在附录中不准许设置"范围""规范性引用文件""术语和定义"等内容。因为附录不是文件的要素，而是要素的表现形式。故正文中的必备要素不应再重复设置成附录的条。

五、其他规则

（一）商品名和商标的使用

在文件中应给出产品的正确名称或描述，而不宜给出商品名或商标。

当使用某文件的产品目前只有一种，而其正确名称比较生疏，商品名却有一定的知名度时，为了清楚地陈述文件的条款，可以在文件文本中给出产品的商品名或商标，但应附上相应的脚注。一旦市场上出现了同类产品，商品名唯一的局面被打破，上述规则就不再使用。

当产品特性难以详细描述，而有必要给出市售产品的一个或多个实例时，则应在文件的条文中简单地描述产品的特性后，在脚注中给出商品名或商标。

在公平竞争的市场经济条件下，上述脚注是十分必要的，可以给出文件使用者明确的信息，避免误导文件使用者，见示例5-8。

示例5-8

---

[1] Hipor是由SKAMOL INSULATION提供的产品的商品名或商标。给出这一信息是为了方便本文件使用者，而不表示对该产品的认可。如果其他产品具有相同的效果，那么可使用这些等效产品。

（选自QB/T 5508—2021《家用和类似用途驻立式电烤箱》。）

（二）专利

在编写文件时，针对涉及专利的有关问题拟定了三段典型的表述，分别用于文件草案、尚未识别技术内容涉及专利的文件和已经识别出技术内容涉及专利的文件中，这三段典型表述分别写入文件的封面、前言和引言。

1. 专利信息的征集

为了提请参与文件编制的各相关方注意，并向相关方收集文件可能涉及的专利信息，在文件的工作组讨论稿、征求意见稿、送审稿，以及编制过程中易识别出涉及专利的文件报批稿的封面显著位置应给出以下内容：

"在提交反馈意见时，请将您知道的相关专利连同支持性文件一并附上。"

2. 尚未识别出涉及专利

如果编制过程中没有识别出文件的内容涉及专利，为避免不该由标准机构承担的专利识别的责任，应给出免责声明说明文件与专利有关文件之间的关系，那么在文件的前言中应给出以下内容：

"请注意本文件的某些内容可能涉及专利。本文件的发布机构不承担识别专利的责任。"

注：轻工行业标准除外。

3. 已经识别出涉及专利

如果编制过程中已经识别出文件的某些内容涉及专利，且专利持有人已经提交必要专利许可证明，同意在公平、合理、无歧视基础上许可任何组织或者个人在实施该文件时实施专利，那么在文件的引言中应说明以下相关内容：

> "本文件的发布机构提请注意，声明符合本文件时，可能涉及……［条］……与……［内容］……相关的专利的使用。
> 本文件的发布机构对于该专利的真实性、有效性和范围无任何立场。
> 该专利持有人已向本文件的发布机构承诺，他愿意同任何申请人在合理且无歧视的条款和条件下，就专利授权许可进行谈判。该专利持有人的声明已在本文件的发布机构备案。相关信息可以通过以下联系方式获得：
> 专利持有人姓名：……
> 地址：……
> 请注意除上述专利外，本文件的某些内容仍可能涉及专利。本文件的发布机构不承担识别专利的责任。"

（三）重要提示

在涉及人身安全或健康情况下，对于风险较高的事项，例如，产品生产、运输、仓储、废弃或提供服务的过程中存在的风险，如果需要给文件使用者一个涉及整个文件内容的提示，以便引起注意，那么在正文首页文件名称与"范围"之间，以"重要提示："开头，或者按照风险程度以"危险："、"警告："或"注意："开头，陈述提示事项。为了醒目，字体用黑体（如果重要提示不涉及全文，也可根据需要，在相应内容前给出这些重要提示）。

第六节　编排格式

一、字体字号

文件中各个位置的文字的字体字号应符合表5-7的规定。

表5-7　文件中使用的字体和字号

序号	层次、要素及表述	位置	文字内容	字体字号
1	封面	左上第一、二行	ICS号、CCS号	五号黑体
2		右上第一行	文件代号	专用美术体字
3		右上第二行	文件编号	四号黑体
4		右上第三行	代替文件编号	五号黑体
5		第一行	中华人民共和国国家标准	专用字

续表

序号	层次、要素及表述	位置	文字内容	字体字号
6	封面	第一行	中华人民共和国轻工行业标准	专用字
7	封面	第二行	文件名称	一号黑体
8	封面	文件名称之下	文件名称的英文译名	四号黑体
9	封面	英文名称之下	与国际文件的一致性程度标识	四号黑体
10	封面	倒数第二行	发布日期、实施日期	四号黑体
11	封面	倒数第一行	发布机构	专用字
12	封面	右下	发布	四号黑体
13	目次	第一行	目次	三号黑体
14	目次	其他各行	目次内容	五号宋体
15	前言	第一行	前言	三号黑体
16	前言	其他各行	前言内容	五号宋体
17	引言	第一行	引言	三号黑体
18	引言	其他各行	引言内容	五号宋体
19	正文首页	第一行	文件名称	三号黑体
20	正文首页	文件名称之下	重要提示及其内容	五号黑体
21	术语条目	第一行	条目编号	五号黑体
22	术语条目	第二行	术语、英文对应词	五号黑体
23	术语条目	其他各行	条目内容	五号宋体
24	参考文献	第一行	参考文献	五号黑体
25	参考文献	其他各行	参考文献内容	五号宋体
26	索引	第一行	索引	五号黑体
27	索引	其他各行	索引内容	五号宋体

续表

序号	层次、要素及表述	位置	文字内容	字体字号
28	层次	各页	章、条编号及其标题	五号黑体
29			条文、列项及其编号	五号宋体
30	附录	第一行	附录编号	五号黑体
31		第二行	（规范性）、（资料性）	五号黑体
32		第三行	附录标题	五号黑体
33		其他各行	附录内容	五号宋体
34	图、表	各页	图编号、图题；表编号、标题	五号黑体
35			分图编号、分图题	小五号黑体
36			续图、续表的"（续）""（第#页/共*页）"	五号宋体
37			图、表右上方"关于单位的陈述"	小五号宋体
38			图中数字和文字	六号宋体
39			表中数字和文字	小五号宋体[a]
40	示例	各页	标明示例的"示例""示例×"	小五号黑体
41			示例内容	小五号宋体[b]
42	注、脚注	各页	标明注的"注""注×"	小五号黑体
43			注的内容	小五号宋体
44			脚注编号，脚注、图脚注、表脚注的内容	小五号宋体
45	来源	各页	标明来源的"来源"	五号宋体
46	单双数页	书眉右、左侧	文件编号	五号黑体
47		版心右、左下角	页码	小五号宋体
48	封底	右上角	文件编号	四号黑体

[a] 以表的形式编写的术语标准，表中的文字使用五号宋体。
[b] 如果需要通过示例示出文件相应内容的编排格式，线框中的示例内容应与需要示出内容的字号和字体相一致。

从目次页到正文首页前用从Ⅰ开始的正体大写罗马数字编页码；正文首页起用从1开始的阿拉伯数字编页码。

二、层次的编排

（一）章、条和段

章、条编号应顶格起排，空一个汉字的间隙接排章、条标题。

章编号和章标题应单独占一行，上下各空一行；条编号和条标题也应单独占一行，上下各空半行。按照这种规定编排的"章编号和标题"要占三行。这种层次编排的规定，一方面使得文件中的章、条容易从众多文字形成的段中区分出来；另一方面使得章与条也容易分辨。

无标题条的条编号之后，空一个汉字的间隙接排条文。无标题条主要通过起始的条编号予以区别。

段的文字应空两个汉字起排，回行时顶格编排。

（二）列项

第一层次列项的各项之前的破折号、字母编号均应空两个汉字起排，其后的文字以及文字回行均应置于版心左边第五个汉字的位置。

第二层次列项的各项之前的间隔号、数字编号均应空四个汉字起排，其后的文字以及文字回行均应置于版心左边第七个汉字的位置。

可见列项首先通过列项符号或编号与段相区别；其次，第一层次与第二层次列项的缩进位置的不同，使它们能够快速被识别。

三、要素的编排

（一）封面

封面提供了大量识别标准的信息，通过将这些信息显示在封面的不同位置，并且设置不同的字体字号，突出主要信息。

下列对封面中的一些具体信息的编排格式进行说明。

1. 文件名称

文件名称由多个元素组成时，各元素之间应空一个汉字的间隙。文件名称文字较多时可上下多行编排。

文件名称的英文译名各元素的第一个字母大写，其余字母小写，各元素之间为一字线形式的连接号（—）。

2. 与国际文件的一致性程度标识

国家标准、行业标准如果与ISO、IEC标准化文件存在一致性程度，那么在我国文件名称的英文译名之下标示与国际文件的一致性程度标识，并加上圆括号。

3. 文件编号和被代替文件编号

封面的文件编号中，文件代号与顺序号之间应空半个汉字的间隙，顺序号与年份号之间为一字线形式的连接号。

如果有被代替的文件，应在文件编号之下另行编排被代替文件的编号。如果代替的文件多于一个，那么被代替的文件编号之间用逗号分隔。被代替文件的编号之前应编排"代替"二字。文件编号与被代替文件的编号右端对齐。

4. ICS号、CCS号

封面中的ICS号和CCS号应分为上下两行编排，左端对齐。

（二）目次

目次应紧跟封面，另起一面，目次中所列的前言、引言、章、附录、参考文献、索引等上下均应各空四分之一行，顶格起排。第一层次的条应空一个汉字起排，第二层次的条空两个汉字起排，依此类推。图或表的目次与其前面的内容之间均应空一行，顶格起排。

章、条、图、表的目次应给出编号，空一个汉字的间隙后给出完整的标题；附录的目次应给出附录编号，后跟"（规范性）"或"（资料性）"，空一个汉字的间隙后给出附录标题。前言、引言、各类标题、参考文献、索引与页码之间均由"………"连接。页码不加括号。

（三）前言和引言

前言和引言均应另起一面，引言应位于前言之后，文件正文首页与正文之前的三个要素在编排格式上遵循了一致性原则，正文首页、目次、前言和引言的格式基本相同，即正文首页中的文件名称，目次、前言和引言的标题，字体都为"三号黑体"，标题与"目次""前言""引言"均居中编排，标题的两个汉字之间也都空两个汉字的间隙。

（四）规范性引用文件

规范性引用文件中所列文件均应空两个汉字起排，回行时顶格编排，文件之后不加标点符号。所列出的文件编号与文件名称之间应空一个汉字的间隙。

规范性引用文件清单前的引导语的编排格式与条文的段的编排格式相同。

（五）术语和定义

标准中的"术语和定义"一章不应采用表的形式编排。条目编号应顶格起排，单独占一行，上下无空行。

"英文对应词"位于"术语"之后，与术语之间空一个汉字的间隙。除非原文需要大写，英文对应词的字母均小写。

除条目编号、英文对应词外，术语条目的各项内容均应另行并空两个汉字起排，定义回行时顶格编排。

（六）参考文献和索引

参考文献和索引均应另起一面，索引位于参考文献之后。参考文献和索引的标题文字都为"五号黑体"。"参考文献""索引"应居中编排。

参考文献中所列文件均应空两个汉字起排，回行时顶格编排，文件之后不加标点符号。所列出的文件编号与文件名称之间应空一个汉字的间隙。

索引的"关键词"与对应的章、条、图、表、附录的编号之间均由"……"连接。

四、要素表述形式的编排

要素表述形式的编排，一方面通过突出它们的编号、标题、标识，增加醒目感，便于查找，如图和表、注和脚注、示例等；另一方面，通过对内容格式的规定，增加编排的规律性和内容清晰性，如表的内容编排，数学公式，量、单位及其符号的编排等。

（一）附录

每个附录均应另起一面，附录编号（即"附录×"）的每个字之间空一个汉字的间距。附录编号、附录的作用，即"（规范性）"或"（资料性）"，以及附录标题，每项各占一行，置于附录条文之上居中位置，字体都为"五号黑体"。

（二）图和表

1. 图、表格式

每幅图与其前面的条文，每个表与其后面的条文之间均宜空一行。图编号和表编号之后均应空一个汉字的间隙接排图题和表题。

图编号和图题应置于图之下居中位置；表编号和表题应置于表之上居中位置。图编号和图题、表编号和表题的上下应各空半行。

2. 表的编排细节

表的外框线、表头的框线以及表中的注、表脚注所在的框线均应为粗实线（通常是1磅线）。除非特殊需要，表中的段宜空一个汉字起排，回行时顶格编排，段后不必加标点符号。表中的内容为数字时，数字宜居中编排，同列的数字应上下个位对齐或小数点对齐；数字间有浪纹线形式的连接号（～）时，应上下符号对齐。

表中相邻数字或文字内容相同时，不应使用"同上""同左"等字样，而应以通栏表示，也可写上具体数字或文字。表的单元格中不应有空格，如果某个单元格没有任何内容，应使用一字线形式的连接号表示。

（三）数学公式

文件中的数学公式应另行居中编排，较长的数学公式应在符号"=、+、-、±或∓"

之后，必要时，在"×、·或/"之后回行。数学公式中的分数线，主线与辅线应明确区分，主线应与等号取平。

数学公式编号应右端对齐，公式与编号之间由"……"连接。

数学公式之下的"式中："应空两个汉字起排，单独占一行。数学公式中需要解释的符号应按先左后右，先上后下的顺序分行说明，每行空两个汉字起排，并用破折号与释文连接，回行时与上一行释文的文字位置左对齐。各行的破折号对齐。

（四）注和脚注

注在文件中的不同位置有不同的称谓，但它们的编排格式是相同的。文件中的条文脚注有自己特定的格式；图脚注、表脚注的编排格式具有相似性。

1. 注

条文中的注、术语条目中的注、图中的注和表中的注均应另行空两个汉字起排，文字回行时应与注的内容的文字位置左对齐。

2. 脚注

条文脚注应另行空两个汉字起排，其后的文字以及文字回行均应置于版心左边第五个汉字的位置。分隔条文脚注与正文的细实线长度应为版心宽度的四分之一。

图脚注应另行空两个汉字起排，其后的文字以及文字回行均应置于版心左边第四个汉字的位置。

表脚注应另行空两个汉字起排，其后的文字以及文字回行均应置于表的左框线第四个汉字的位置。

（五）示例

示例应另行空两个汉字起排。"示例："或"示例×："宜单独占一行。文字类的示例回行时宜顶格编排。

区分示例的线框应为细实线。

(六)量、单位及其符号

表示变量的符号应该用斜体表示,其他符号应该用正体表示。

表示平面角的度、分和秒的单位符号应紧跟数值之后;所有其他单位符号前均应空四分之一个汉字的间隙。

参考文献

[1] 白殿一，刘慎斋，王益谊，等.标准化文件的起草[M].北京：中国标准出版社，2020.

[2] 国家市场监督管理总局.强制性国家标准管理办法[Z].2019年12月13日.

[3] 国家市场监督管理总局.国家标准管理办法[Z].2022年9月9日.

[4] 国家市场监督管理总局.行业标准管理办法[Z].2023年11月28日.

[5] 工业和信息化部.工信通信业行业标准制定管理办法[Z].2020年7月29日.

[6] 国家标准化管理委员会，民政部.团体标准管理规定（试行）[Z].2019年1月9日.

[7] 国家标准化管理委员会，国家知识产权局.国家标准涉及专利的管理规定（暂行）[Z].2013年12月19日.

[8] GB/T 1.1—2020 标准化工作导则 第1部分：标准化文件的结构和起草规则[S].

[9] GB/T 1.2—2020 标准化工作导则 第2部分：以ISO/IEC标准化文件为基础的标准化文件起草规则[S].

[10] GB/T 20001（所有部分）标准编写规则[S].

[11] GB/T 20002（所有部分）标准中特定内容的起草[S].